Zu diesem Buch

Nach einer Einführung in die physikalischen Grundlagen der Wasserdampfdiffusion werden die im Augenblick gebräuchlichen Berechnungsverfahren vorgestellt. Sechs ausführliche Berechnungsbeispiele zeigen deren Anwendung. Checklisten und Formblätter sollen die praktische Handhabung der Berechnungen erleichtern und die Aneignung des Stoffes im Selbststudium ermöglichen. Ein besonderer Abschnitt ist den Konsequenzen gewidmet, die aus den Erkenntnissen über Wesen und Wirkung der Wasserdampfdiffusion für Hochbaukonstruktionen zu ziehen sind.

Die Neubearbeitung wurde durch das modifizierte Rechenverfahren, das nach DIN 4108 bei schärferen Klimabedingungen anzuwenden ist, und durch einen Abschnitt, der sich mit den Auswirkungen der Feuchtigkeit auf die Wärmeleitfähigkeit der Baustoffe befaßt, sowie durch einige weitere Zahlentafeln ergänzt.

Das Buch wendet sich sowohl an Studenten als auch an bereits im Beruf stehende Architekten und Ingenieure.

Wasserdampfdiffusion

Ein Beitrag zur praktischen Bauphysik

Von Prof. Dipl.-Ing. Gerhard Wiese

Fachhochschule Hannover
Fachbereiche Architektur
und Bauingenieurwesen
Nienburg/Weser

2., neubearbeitete und erweiterte Auflage
Mit 45 Bildern und 11 Tafeln

B. G. Teubner Stuttgart 1985

Gerhard Wiese

1927 in Helmstedt geboren. 1949 bis 1955 Studium der Architektur an der Technischen Hochschule Braunschweig. 1955 Diplom-Prüfung. 1955 bis 1961 Tätigkeit als Architekt in Wolfsburg und Essen. 1961 bis 1964 Wissenschaftlicher Assistent am Lehrstuhl für Baukonstruktion der Technischen Hochschule Braunschweig. 1964 Dozent an der Staatlichen Ingenieurschule für Bauwesen Nienburg/Weser. 1973 Professor an der Fachhochschule Hannover, Fachbereiche Architektur und Bauingenieurwesen Nienburg/Weser.

CIP-Kurztitelaufnahme der Deutschen Bibliothek

Wiese, Gerhard:
Wasserdampfdiffusion : e. Beitr. zur prakt. Bauphysik / von Gerhard Wiese. - 2., neubearb. u. erw. Aufl. - Stuttgart : Teubner, 1985.

(Teubner-Studienskripten ; 66 : Bautechnik)
ISBN-13: 978-3-519-10066-9 e-ISBN-13: 978-3-322-84864-2
DOI: 10.1007/978-3-322-84864-2

NE: GT

Gesamtherstellung: Beltz Offsetdruck, Hemsbach/Bergstr.
Umschlaggestaltung: M. Koch, Reutlingen

Vorwort

Durch die Einführung neuer Baustoffe und neuer Bauverfahren haben sich in den letzten Jahrzehnten auch die Bauarten, die Strukturen der raumumschließenden Wände, Decken und Dächer grundlegend geändert.

An die Stelle vorwiegend einschichtiger Außenwände aus Mauerziegeln sind Bauteile mit vielfältig differenziertem Schichtaufbau getreten, in denen jeder Schicht eine besondere Funktion zugeteilt ist.

Ähnlich verlief die Entwicklung bei den Dächern, wo das durch Jahrhunderte bewährte Ziegeldach auf einer tragenden Holzkonstruktion vom Flachdach mit seinem mehr oder weniger komplizierten Schichtaufbau zeitweilig stark zurückgedrängt wurde.

Die bauphysikalischen Probleme solcher Entwicklungen wurden spät erkannt. Oft bedurfte es erst einer Kette von Bauschäden, um Forschung und Lehre aufmerksam werden zu lassen.

Inzwischen hat die "Bauphysik" Eingang gefunden in die Stoffgebiete, die in den Fachbereichen Architektur und Bauingenieurwesen an den Technischen Universitäten, Technischen Hochschulen und Fachhochschulen gelehrt werden. Häufig ist dabei die Bauphysik ein Teil der Baukonstruktionslehre, wie sie bis zum Vorexamen abgehandelt wird.

Diese Verflechtung wird auch in dem vorliegenden Studienskript deutlich. Es zeigt nach einer Behandlung der bauphysikalischen Grundlagen der Wasserdampfdiffusion, in welcher Weise diese für praktische Berechnungen im Zusammenhang mit der konstruktiven Ausbildung von Wänden und Dächern genutzt werden können. Ein besonderer Abschnitt versucht zudem die Konsequenzen, die aus der Kenntnis diffusionstechnischer Vorgänge für die Baukonstruktion gezogen werden können, zu formulieren.

Die jetzt vorliegende Neubearbeitung hat gegenüber der 1. Auflage eine Reihe von Änderungen und Ergänzungen erfahren, die durch die Einführung der SI-Einheiten zum 1.1.1978 und durch die Einbeziehung des klimabedingten Feuchteschutzes in die Neufassung der DIN 4108 im Jahre 1981 bewirkt wurden. Hier ist neben Umstellung der Einheiten, Größen und Begriffe die Aufnahme des modifizierten Rechenverfahrens zu nennen, das die Norm neben das seit langem bekannte Regelverfahren stellt. Mit seiner Hilfe können die Auswirkungen des tatsächlichen Raumklimas und des Außenklimas am Gebäudestandort genauer ermittelt werden.

Für kritische Hinweise, Verbesserungsvorschläge und Hilfen danke ich meinen Kollegen aus den Fachbereichen Architektur und Bauingenieurwesen der Fachhochschule Hannover.

Viele Anregungen vermittelten mir die Begegenungen mit Architekten und Ingenieuren der Praxis im Rahmen des Kontaktstudiums, das an der Fachhochschule Hannover seit 1968 in der Form von Wochenendseminaren betrieben wird, und in den Seminaren der Fortbildungsakademie der Architektenkammer Niedersachsen. Hier entstanden die dem Abschnitt 3 beigegebenen Formblätter und Checklisten.

Mein besonderer Dank gilt Herrn Prof. Dr.-Ing. Jenisch für seine Hilfe bei der Formulierung jenes Abschnitts, der sich mit dem von ihm entwickelten modifizierten Rechenverfahren befaßt.

Nienburg, im Januar 1985 Gerhard Wiese

Inhalt

ϑ_f Trennflächentemperatur zwischen zwei Stoffschichten in °C

ϑ_m Mitteltemperatur einer Stoffschicht in °C

ϑ_s Taupunkttemperatur in °C

D Diffusionskoeffizient in m²/h

I Wasserdampf-Diffusionsstrom in kg/h

i Wasserdampf-Diffusionsstromdichte in kg/(m²·h)

i_i Wasserdampf-Diffusionsstromdichte zwischen Innenraum und Tauwasserbereich in kg/(m²·h)

i_z Wasserdampf-Diffusionsstromdichte zwischen zwei Tauwasserebenen in kg/(m²·h)

i_a Wasserdampf-Diffusionsstromdichte zwischen Außenraum und Tauwasserbereich in kg/(m²·h)

δ Wasserdampf-Diffusionsleitkoeffizient in kg/(m ·h·Pa)

μ Wasserdampf-Diffusionswiderstandszahl ohne Einheitenzeichen

s Dicke einer Stoffschicht in m

s_d wasserdampfdiffusionsäquivalente Luftschichtdicke in m

N $= R_D \cdot T/D$ = unbenannter Wert in m·h·Pa/kg

Δ Wasserdampf-Diffusionsdurchlaßkoeffizient in kg/(m²·h·Pa)

1/Δ Wasserdampf-Diffusionsdurchlaßwiderstand in m²·h·Pa/kg

$1/\Delta_i$ Wasserdampf-Diffusionsdurchlaßwiderstand der Bauteilschichten zwischen Innenraum und Tauwasserbereich in m²·h·Pa/kg

$1/\Delta_z$ Wasserdampf-Diffusionsdurchlaßwiderstand der Bauteilschichten zwischen zwei Tauwasserebenen

	in m²·h·Pa/kg
$1/\Delta_a$	Wasserdampf-Diffusionsdurchlaßwiderstand der Bauteilschichten zwischen Außenraum und Tauwasserbereich in m²·h·Pa/kg
β	Wasserdampf-Diffusionsübergangskoeffizient in kg/(m²·h·Pa)
$1/\beta_i$	Wasserdampf-Diffusionsübergangswiderstand innen in m²·h·Pa/kg
$1/\beta_a$	Wasserdampf-Diffusionsübergangswiderstand außen in m²·h·Pa/kg
k_D	Wasserdampf-Diffusionsdurchgangskoeffizient in kg/(m²·h·Pa)
$1/k_D$	Wasserdampf-Diffusionsdurchgangswiderstand in m²·h·Pa/kg
W	flächenbezogene Wassermenge in kg/m²
W_T	während einer Tauperiode anfallende Tauwassermenge in kg/m²
W_V	während einer Verdunstungsperiode verdunstende Wassermenge in kg/m²
t_T	Zeitraum der Tauperiode in h
t_V	Zeitraum der Verdunstungsperiode in h
R_D	Gaskonstante des Wasserdampfes in J/(kg·K)
R	Verhältnis der Summe der Teilwärmedurchgangswiderstände vom Innenraum bis zur Tauwasserebene zum Gesamtwärmedurchgangswiderstand des Bauteils
S	Verhältnis der Summe der äquivalenten Luftschichtdicken vom Innenraum bis zur Tauwasserebene zur Gesamtsumme der äquivalenten Luftschichtdicken des Bauteils
L	unbenannte Hilfsgröße zur Ermittlung von p_{sax}
a_2/a_3	temperaturabhängige Zahlenwerte der Dampfdruckgleichung
Q	Wärmemenge

	in W·s = J = N·m
q	Wärmestromdichte in W/m²
λ	Wärmeleitfähigkeit in W/(m·K)
λ_R	Rechenwert der Wärmeleitfähigkeit in W/(m·K)
$\lambda_{10,tr.}$	Wärmeleitfähigkeit eines Baustoffes, gemessen bei 10 °C in völlig trockenem Zustand, in W/(m·K)
λ_Z	Wärmeleitfähigkeit eines Baustoffes, unter Beachtung der Zuschläge nach DIN 52 612, in W/(m·K)
λ_f	Wärmeleitfähigkeit eines Baustoffes in durchfeuchtetem Zustand in W/(m·K)
u_v	volumenbezogener Feuchtegehalt fester Stoffe in %
u_m	massebezogener Feuchtegehalt fester Stoffe in %
Λ	Wärmedurchlaßkoeffizient in W/(m²·K)
$1/\Lambda$	Wärmedurchlaßwiderstand in m²·K/W
α	Wärmeübergangskoeffizient in W/(m²·K)
$1/\alpha_i$	Wärmeübergangswiderstand innen in m²·K/W
$1/\alpha_a$	Wärmeübergangswiderstand außen in m²·K/W
k	Wärmedurchgangskoeffizient in W/(m²·K)
$1/k$	Wärmedurchgangswiderstand in m²·K/W
w	Wasseraufnahmekoeffizient in kg/(m²·h^{0,5})
Z	Zuschlagswert auf die Wärmeleitfähigkeit nach DIN 52 612 T2
z_f	Zuschlag auf die Wärmeleitfähigkeit je % Feuchtigkeit

2. Grundlagen

2.1 Wasserdampf und Wasserdampfdiffusion

Luft ist ein Gemisch aus verschiedenen Gasen und enthält im allgemeinen auch Wasser in gasförmigem Zustand. Das Fassungsvermögen der Luft für Wasserdampf ist abhängig von der Temperatur. Warme Luft kann mehr Feuchtigkeit aufnehmen als kalte. Das maximale Fassungsvermögen der Luft für Wasser, die Sättigungsmenge f_s, ist in Bild 1 dargestellt.

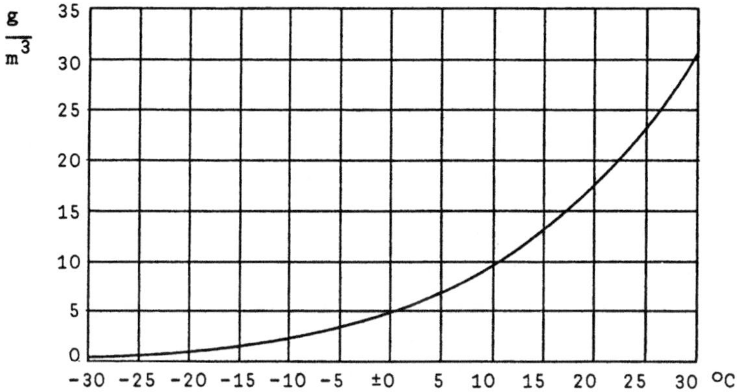

Bild 1 Das maximale Fassungsvermögen der Luft für Wasser in Abhängigkeit von der Temperatur

An dem Gesamtdruck der Luft ist jedes Gas mit einem entsprechenden Teildruck beteiligt. Der maximal mögliche Teildruck für Wasserdampf, der Sättigungsdruck p_s, ist ebenfalls temperaturabhängig. Er ist für die Temperaturbereiche von - 20 °C bis + 30 °C in der Tafel VIII des Anhangs wiedergegeben.

Im Normalfall enthält die Luft nur einen bestimmten Prozentsatz der maximal möglichen Feuchtigkeit. Er wird als relative Luftfeuchtigkeit angegeben und läßt sich auf zweierlei Weise definieren:

$$\varphi = \frac{\text{vorhandener Feuchtigkeitsgehalt}}{\text{max. möglicher Feuchtigkeitsgehalt}} = \frac{f_{vorh.}}{f_s} \cdot 100(\%) \quad (1)$$

oder

$$\varphi = \frac{\text{vorhandener Wasserdampfteildruck}}{\text{Sättigungsdruck des Wasserdampfes}} = \frac{p_{vorh.}}{p_s} \cdot 100(\%) \quad (2)$$

Wird das Fassungsvermögen der Luft für Wasserdampf bei einer bestimmten Temperatur durch Zuführung weiterer Feuchtigkeit überschritten, oder wird die Luft soweit abgekühlt, daß die in ihr enthaltene Wassermenge größer wird als die Sättigungsmenge der erreichten niedrigeren Temperatur, so scheidet die Luft das überschüssige Wasser in flüssiger Form aus. Das Wasser kondensiert an den in der Luft enthaltenen Kondensationskernen, es bildet sich Nebel, oder aber das Wasser schlägt sich an den Oberflächen fester Körper nieder, es bildet sich Tauwasser. Die Temperatur, bei der das geschieht, wird allgemein als Taupunkttemperatur ϑ_s bezeichnet. Eine solche Feuchtigkeitsbildung ist auch im Inneren fester, aber doch dampfdurchlässiger Stoffe möglich.

Besteht ein Wasserdampfteildruckgefälle zwischen den beiden angrenzenden Luftschichten eines porösen Bauteils, so findet eine Ausbreitung des Wasserdampfes von der Stelle des höheren Teildruckes zum Ort des niedrigeren Teildruckes, eine Wasserdampfdiffusion statt.

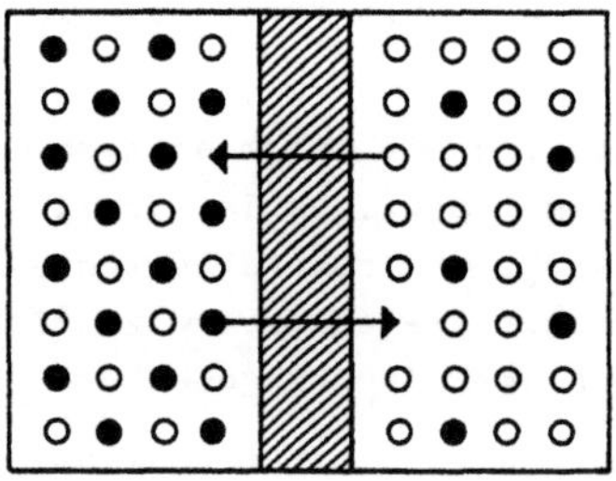

Bild 2
Dampfdiffusion - Wasserdampfmoleküle der warmen Raumluft innen diffundieren durch die Wand nach außen, um die Wasserdampfteildruckdifferenz auszugleichen, Luftmoleküle wandern in die entgegengesetzte Richtung

Eine solche Wasserdampfteildruckdifferenz ist vorhanden, wenn auf beiden Seiten des Bauteils unterschiedliche klimatische Bedingungen zu beobachten sind.

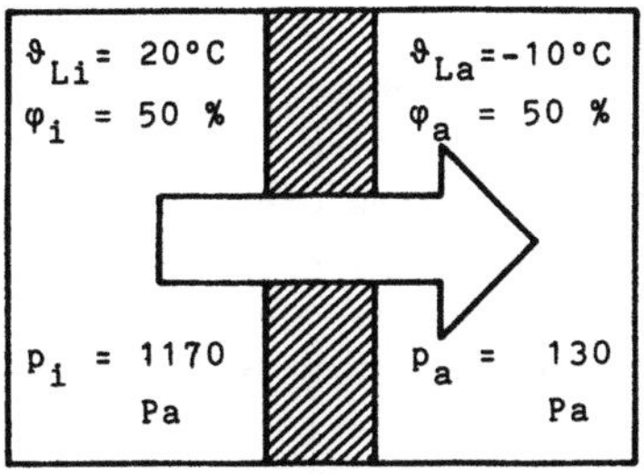

Bild 3
Gleiche relative Luftfeuchtigkeiten bei ungleichen Temperaturen bewirken ein Wasserdampfteildruckgefälle von innen nach außen

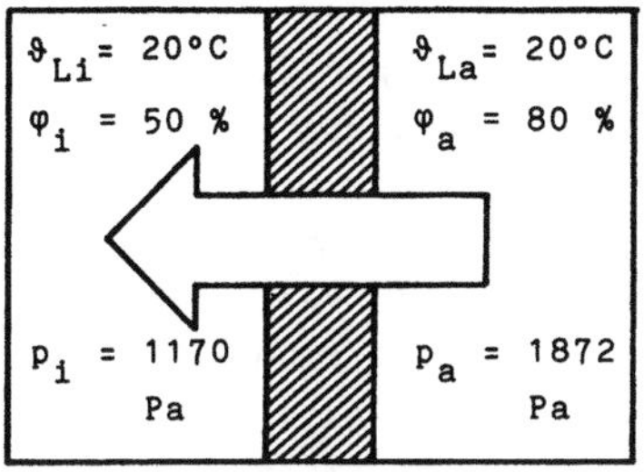

Bild 4
Gleiche Temperaturen bei ungleichen relativen Luftfeuchtigkeiten bewirken einen Diffusionsstrom von außen nach innen

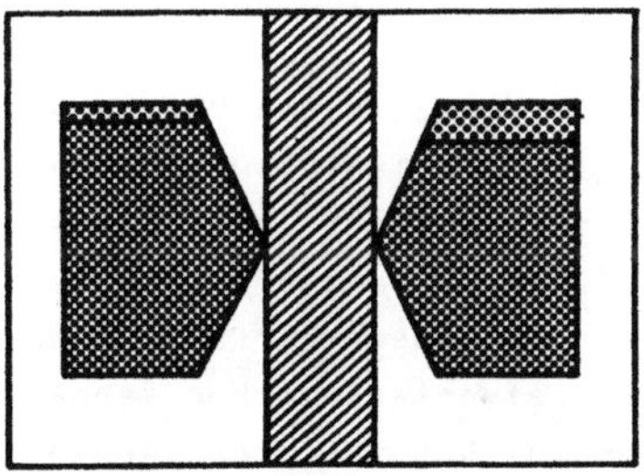

Bild 5
Dampfteildrücke wirken jedoch nicht als mechanische Kräfte: die Summe aller Teildrücke ist auf beiden Seiten des Bauteils praktisch gleich

Bleibt der Wasserdampf-Diffusionsstrom stationär, d.h. wechselt er an keiner Stelle seines Weges den Aggregatzustand, so ist sein Vorhandensein im Bereich der Baukonstruktionen im allgemeinen ohne Bedeutung. Wird jedoch Feuchtigkeit im Inneren eines Bauteils ausgeschieden, so ist in fast jedem Falle eine Kontrolle erforderlich, an welcher Stelle und in welcher Menge Tauwasser anfällt, um dessen Auswirkungen auf die Konstruktion beurteilen zu können.

2.2 Berechnungsverfahren

Wesen und Wirkung der Dampfdiffusion sind schon seit langem bekannt. Als erste Arbeiten sind die von A. Fick "Über Diffusion", 1855 [1], und von J. Stefan "Über das Gleichgewicht und die Bewegung, insbesondere die Diffusion von Gasen", 1871 [2], zu nennen. Bis zur Entwicklung eines für die Praxis brauchbaren Verfahrens, das die Berechnung des Wasserdampfdurchgangs und der Wasserdampfausscheidungen mit vertretbarem Zeitaufwand möglich machte, verging etwa ein Jahrhundert. Im Jahre 1956 veröffentlichte J.S. Cammerer einen Aufsatz "Bezeichnungen und Berechnungsverfahren für Diffusionsvorgänge im Bauwesen" [7], der als eine Gemeinschaftsarbeit von Wissenschaft und Industrie, durchgeführt im Auftrage des Bundesministeriums für Wohnungsbau, öffentlich zur Diskussion gestellt wurde. An dieser Gemeinschaftsarbeit waren W. Caemmerer, J.S. Cammerer, W. Dürhammer, K. Egner, P.Görling, O. Krischer, H. Reiher und K. Seiffert beteiligt. Die von diesen formulierte Grundgleichung des Wasserdampf-Diffusionsvorganges in Bauteilen wird seither als "Gemeinschaftsgleichung" bezeichnet. Durch die Arbeiten von H. Glaser im Jahre 1958 [8,9], besonders aber durch sein "Graphisches Verfahren zur Untersuchung von Diffusionsvorgängen", 1959 [10], wurde das Berechnungsverfahren ergänzt und verfeinert und von inneren Widersprüchen bereinigt. 1968 hat W. Caemmerer die Randbedingungen formuliert, unter denen das Glaser-Verfahren zur Abschätzung und Beurteilung des diffusionstechnischen Verhaltens von Bauteilen genutzt werden kann. Das auf diese Weise abgerundete Verfahren ist als "Fertighaus-Verfahren" allgemein bekannt geworden. 1981 hat die DIN 4108, Wärmeschutz im Hochbau, das Verfahren mit geringfügigen Änderungen übernommen und ihm ergänzend ein von R. Jenisch 1970 [21,22], entwickeltes modifiziertes Verfahren für jene Sonderfälle an die Seite gestellt, in denen die vereinfachenden Randbedingungen W. Caemmerers nicht mehr zulässig sind. Mit dem modifizierten Verfahren lassen sich die Auswirkungen des tatsächlichen Raumklimas und des Außenklimas am Standort genauer erfassen.

2.2.1. Die Gemeinschaftsgleichung

Die Grundgleichung für den Wasserdampf-Diffusionsvorgang in Bauteilen ist formal der Grundgleichung für den Wärmedurchgang

$$q = \frac{\vartheta_{Li} - \vartheta_{La}}{\frac{1}{\alpha_i} + \frac{s_1}{\lambda_{R1}} + \frac{s_2}{\lambda_{R2}} + \ldots \frac{1}{\alpha_a}} \tag{3}$$

nachgebildet, wobei

der durch die Wand strömenden Wärmemenge die durch die Wand diffundierende Wassermenge,
den Temperaturen und dem Temperaturgefälle in der Wand die Wasserdampfteildrücke der Luft und das Wasserdampfteildruckgefälle in der Wand,
dem Wärmeübergang zwischen Luft und Wandoberfläche der Wasserdampfübergang zwischen Luft und Wandoberfläche,
sowie der Wärmeleitung in der Wand die Wasserdampfdiffusion in der Wand

entsprechen.

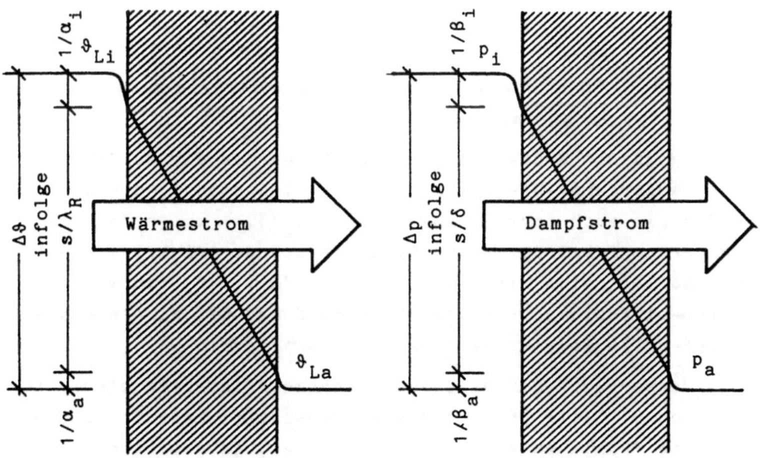

Bild 6 Analogie von Wärmedurchgang und Wasserdampfdiffusion in einem einschichtigen Bauteil

Die Grundgleichung für den Wasserdampfdurchgang lautet demnach:

$$i = \frac{p_i - p_a}{\frac{1}{\beta_i} + \frac{s_1}{\delta_1} + \frac{s_2}{\delta_2} + \dots \frac{1}{\beta_a}} \tag{4}$$

Darin bedeuten:

- i Wasserdampf-Diffusionsstromdichte, stündlich durch 1 m² eines Bauteils diffundierende Wassermenge in kg/(m².h)
- p_i Partialdruck des Wasserdampfes, Wasserdampfteildruck der Luft im Innenraum in Pa
- p_a Partialdruck des Wasserdampfes, Wasserdampfteildruck der Luft im Außenraum in Pa
- β_i Wasserdampf-Diffusionsübergangskoeffizient innen in kg/(m².h.Pa)
- β_a Wasserdampf-Diffusionsübergangskoeffizient außen in kg/(m².h.Pa)
- s Dicke der jeweiligen Stoffschicht in m
- δ Wasserdampf-Diffusionsleitkoeffizient der Schicht in kg/(m.h.Pa)

Analog zu den Größen im Wärmeschutz werden die Ausdrücke $1/\beta$ als Wasserdampf-Diffusionsübergangswiderstände, die Ausdrücke s/δ sowie auch deren Summe $s_1/\delta_1 + s_2/\delta_2 + \dots s_n/\delta_n$ als Wasserdampf-Diffusionsdurchlaßwiderstände $1/\Delta$ bezeichnet. Ebenso läßt sich mit $1/k_D = 1/\beta_i + 1/\Delta + 1/\beta_a$ ein Wasserdampf-Diffusionsdurchgangswiderstand und mit k_D ein Wasserdampf-Diffusionsdurchgangskoeffizient benennen.

Die Wasserdampf-Diffusionsübergangskoeffizienten sind, wie sie von W. Illig [6] aus dem wissenschaftlichen Schrifttum für die Praxis zusammengestellt wurden, in der Tafel 1 auszugsweise wiedergegeben. Sie werden allerdings in fast allen im Hochbau vorkommenden Fällen vernachlässigt.

Im Innenraum bei einer Temperaturdifferenz zwischen Luft und Wand K	Wasserdampf-Diffusionsübergangskoeffizient bei einer Raumtemperatur von 20 °C kg/(m².h.Pa)
2	0,000 108
4	0,000 113
6	0,000 119
Im Freien bei Lufttemperaturen zwischen -20 °C und +30 °C	
bei Windstille	0,000 34
bei Windgeschwindigkeit von 5 m/s (durchschnittliche Luftbewegung)	0,000 64

Tafel 1 Wasserdampf-Diffusionsübergangskoeffizienten nach W. Illig [6]

Der Wasserdampf-Diffusionsleitkoeffizient δ eines Baustoffes kann bestimmt werden nach

$$\delta = \frac{D}{\mu \cdot R_D \cdot T} \tag{5}$$

Hierin ist

δ stoffspezifischer Kennwert, der der Wärmeleitfähigkeit beim Wärmedurchgang entspricht. Er bezeichnet die Wasserdampfmenge, die durch 1 m² einer 1m dicken Stoffschicht in einer Stunde diffundiert, wenn die Partialdruckdifferenz des Wasserdampfes zwischen den beiden Oberflächen des Stoffes 1 Pa beträgt, in kg/(m.h.Pa)

D Diffusionskoeffizient von Wasserdampf in Luft.

Er ist ein Maß für die Beweglichkeit der diffundierenden Wasserdampfteilchen. Nach R. Schirmer [3] ist

$$D = 0{,}083 \cdot \frac{98\ 067}{P} \cdot \left(\frac{T}{273}\right)^{1{,}81} \quad m^2/h \tag{6}$$

dabei ist P der Barometerdruck in Pa.

μ Wasserdampf-Diffusionswiderstandszahl. Sie sagt aus, um wieviel der Wasserdampf-Diffusionswiderstand eines Baustoffes größer ist, als der einer gleich dicken Luftschicht.

R_D Gaskonstante für Wasserdampf, $R_D = 462\ J\ /\ (kg \cdot K)$; mit R_D läßt sich auch das Verhältnis des Wasserdampfsättigungsdruckes zur Sättigungsmenge beschreiben: $R_D = p_s\ /\ (f_s \cdot T)$.

T absolute Temperatur in K.

Setzt man nun (5) in (4) ein, so gewinnt diese über

$$i = \frac{p_i - p_a}{\frac{1}{\beta_i} + \frac{s_1}{\frac{D_1}{\mu_1 \cdot R_D \cdot T_1}} + \dots \frac{s_n}{\frac{D_n}{\mu_n \cdot R_D \cdot T_n}} + \frac{1}{\beta_a}} \tag{7}$$

die Form

$$i = \frac{p_i - p_a}{\frac{1}{\beta_i} + \frac{s_1 \cdot \mu_1 \cdot R_D \cdot T_1}{D_1} + \dots \frac{s_n \cdot \mu_n \cdot R_D \cdot T_n}{D_n} + \frac{1}{\beta_a}} \tag{8}$$

Für die praktische Handhabung der Wasserdampfdiffusionsberechnung ist es zweckmäßig, die von der Temperatur und dem Luftdruck abhängigen Größen zu dem Wert

$$N = \frac{R_D \cdot T}{D} \tag{9}$$

zusammenzufassen und gleichzeitig

$$s_d = s \cdot \mu \tag{10}$$

zu setzen. Man erhält mit s_d, der äquivalenten Luftschichtdicke eine anschauliche Größe für die Beurteilung der diffusionstechnischen Eigenschaften einer Baustoffschicht: sie gibt die Dicke einer Luftschicht an, die den gleichen Wasserdampf-Diffusionswiderstand besitzt, wie eine Stoffschicht mit der Dicke s und der Wasserdampf-Diffusionswiderstandszahl μ. Damit erhält (8) die Form

$$i = \frac{p_i - p_a}{\frac{1}{\beta_i} + (s_{d\,1} \cdot N_1) + \dots (s_{d\,n} \cdot N_n) + \frac{1}{\beta_a}} \qquad (11)$$

Vernachlässigt man, wie oben ausgeführt, die Wasserdampf-Diffusionsübergangskoeffizienten und läßt die Wasserdampf-Diffusionsübergangswiderstände weg, so wird aus (11)

$$i = \frac{\cdot\ p_i - p_a}{s_{d\,1} \cdot N_1 + \dots s_{d\,n} \cdot N_n} \qquad (12)$$

oder, da $s_{d\,1} \cdot N_1 = 1/\Delta_1$, der Wasserdampf-Diffusionsdurchlaßwiderstand der Stoffschicht 1 und $s_{d\,1} \cdot N_1 + \dots s_{d\,n} \cdot N_n = 1/\Delta$, der Wasserdampf-Diffusionsdurchlaßwiderstand des Bauteils insgesamt ist,

$$i = \frac{p_i - p_a}{\frac{1}{\Delta_1} + \dots \frac{1}{\Delta_n}}, \qquad i = \frac{p_i - p_a}{\frac{1}{\Delta}} \qquad (13),(14)$$

Mit Hilfe der Größen aus (13) und (14) läßt sich der Verlauf des Wasserdampfteildruckes innerhalb eines mehrschichtigen Bauteils auf einfache Weise ermitteln, indem man den Partialdruckabfall der jeweiligen Schicht zur gesamten Partialdruckdifferenz und den Wasserdampf-Diffusionsdurchlaßwiderstand dieser Schicht zum gesamten Wasserdampf-Diffusionsdurchlaßwiderstand in Beziehung setzt.

So ist für die in Bild 7 dargestellte zweischichtige Außenwand

$$\frac{p_i - p_f}{p_i - p_a} = \frac{1/\Delta_1}{1/\Delta}, \text{ oder umgeformt} \qquad (15)$$

$$p_i - p_f = \frac{(p_i - p_a) \cdot 1/\Delta_1}{1/\Delta} \qquad (16)$$

$$p_i - p_f = (p_i - p_a) \cdot \Delta \cdot 1/\Delta_1 \qquad (17)$$

und für den Partialdruckabfall in der zweiten Schicht

$$p_f - p_a = (p_i - p_a) \cdot \Delta \cdot 1/\Delta_2 \qquad (18)$$

Der so errechnete Wasserdampfteildruckverlauf läßt sich grafisch darstellen (Bild 7). Ergänzt man diese Darstellung durch die Einfügung der Wasserdampfsättigungsdruckkurve, so wird man einen ersten Aufschluß über das diffusionstechnische Verhalten der Wand gewinnen können.

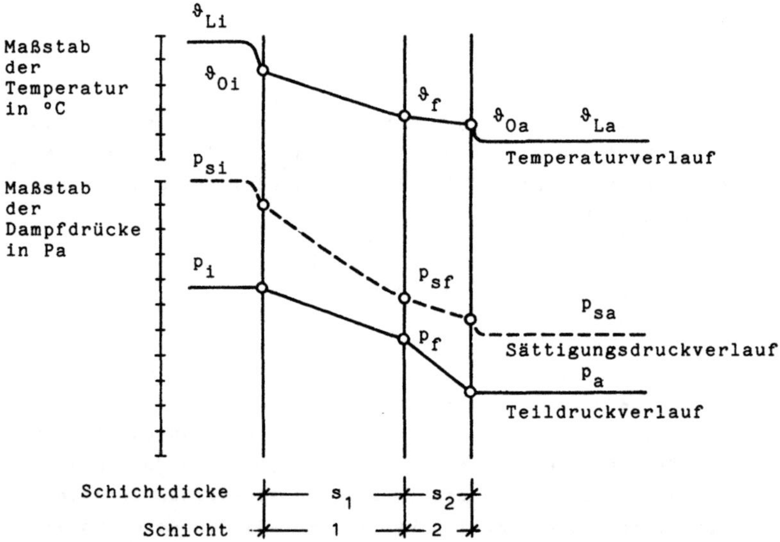

Bild 7 Wasserdampfteildruckverlauf, Temperaturverlauf und Wasserdampfsättigungsdruckkurve in einem mehrschichtigen Bauteil

Hierzu wird man zunächst den Temperaturverlauf nach dem oben beschriebenen Verfahren jedoch mit den für den Wärmedurchgang geltenden Größen berechnen. Man beginnt, da hier die Übergangswiderstände nicht vernachlässigt werden mit

$$\frac{\vartheta_{Li} - \vartheta_{Oi}}{\vartheta_{Li} - \vartheta_{La}} = \frac{1/\alpha_i}{1/k} \text{, oder umgeformt} \qquad (19)$$

$$\vartheta_{Li} - \vartheta_{Oi} = (\vartheta_{Li} - \vartheta_{La}) \cdot k \cdot 1/\alpha_i \qquad (20)$$

und fährt fort mit

$$\vartheta_{Oi} - \vartheta_{f} = (\vartheta_{Li} - \vartheta_{La}) \cdot k \cdot s_1/\lambda_{R\ 1} \qquad (21)$$

$$\vartheta_{f} - \vartheta_{Oa} = (\vartheta_{Li} - \vartheta_{La}) \cdot k \cdot s_2/\lambda_{R\ 2} \qquad (22)$$

$$\vartheta_{Oa} - \vartheta_{La} = (\vartheta_{Li} - \vartheta_{La}) \cdot k \cdot 1/\alpha_a \qquad (23)$$

Jeder der so gewonnenen Oberflächentemperaturen ϑ_{Oi} und ϑ_{Oa}, wie auch der Trennflächentemperatur ϑ_f, ist ein Wasserdampfsättigungsdruck p_s zugeordnet, der aus der Tafel VIII des Anhangs entnommen und in die Zeichnung übertragen werden kann.

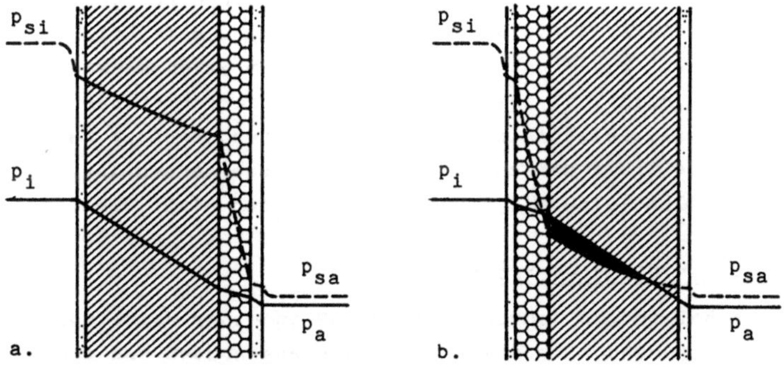

Bild 8
Dampfdruckverlauf innerhalb von mehrschichtigen Bauteilen
a. ohne Tauwasserbildung, b. mit Tauwasserbildung

Dabei muß bedacht werden, daß der Sättigungsdruck bei linearem Temperaturabfall nicht linear abfällt. Er wird sich also auch als nichtlineare Funktion darstellen. Man wird ihn angenähert, jedoch mit hinreichender Genauigkeit erhalten, wenn man, wie in Abschnitt 3 gezeigt werden wird, die Mitteltemperaturen ϑ_m der einzelnen Schichten zu Hilfe nimmt.

Ergeben sich keine Überschneidungen der Partialdrucklinie mit der Kurve des Wasserdampfsättigungsdruckes, versucht der errechnete tatsächlich vorhandene Dampfdruck an keiner Stelle den theoretisch höchstmöglichen Sättigungsdampfdruck zu überschreiten, so findet innerhalb des Bauteils keine Tauwasserbildung, keine innere Kondensation statt (Bild 7, Bild 8a).

Kommt es hingegen zu Überschneidungen (Bild 8b), so fällt Tauwasser an, und zwar, wie man zunächst schloß, im gesamten Überschneidungsbereich.

Kritiker dieses Verfahrens machten schon früh auf einen Widerspruch aufmerksam: nach den geltenden physikalischen Gesetzen kann der vorhandene Partialdruck an keiner Stelle eines Bauteils höher sein als der dort mögliche von der Temperatur abhängige Sättigungsdampfdruck. Es kann keine Überschneidungen geben. Die Partialdruckkkurve schließt sich in Wirklichkeit an die Sättigungsdampfdruckkurve an. Der durchfeuchtete Bereich ist wesentlich kleiner, als in Bild 8 b dargestellt. Zudem hat das Verfahren noch einen anderen Nachteil: es ermöglicht zwar die Berechnung der durch.das Bauteil ohne Tauwasserbildung nach Bild 8 a diffundierenden Wassermenge, die Größe des nach Bild 8 b zu erwartenden Tauwasserausfalls läßt sich mit seiner Hilfe jedoch nicht ermitteln.

2.2.2. Das Glaser-Verfahren

Glaser hat in den Jahren 1958 und 59 in einer Reihe von Veröffentlichungen sich dieser Probleme angenommen und zunächst analytisch gelöst [8, 9], dann jedoch für die Praxis an Stelle des langwierigen Rechnungsganges ein vereinfachtes grafisches Verfahren [10] vorgeschlagen.

Ausgehend von dem oben beschriebenen Widerspruch faßt er die zu berücksichtigenden physikalischen Gesetzmäßigkeiten wie folgt zusammen:

1. Der Wasserdampfteildruck kann nie größer werden als der

Sättigungsdampfdruck, welcher der örtlichen Wandtemperatur zugeordnet ist; es muß also folgende Bedingung erfüllt sein: $p \leq p_s$.

2. Die Wasserdampf-Diffusionsstromdichte kann im Beharrungszustand längs des Diffusionsweges konstant bleiben oder abnehmen, aber nie größer werden, sofern in der Wand keine Feuchtigkeitsquellen vorhanden sind.

3. Solange der Wasserdampfteildruck kleiner als der örtliche Sättigungsdruck ist, muß die Wasserdampf-Diffusionsstromdichte konstant bleiben.

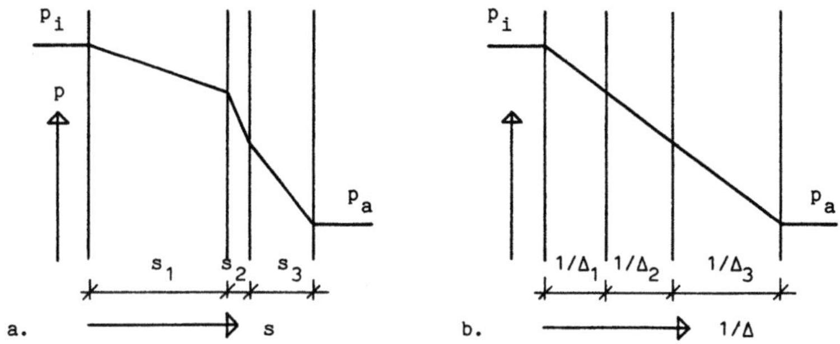

Bild 9
Partialdruckverlauf in einer mehrschichtigen Wand
a. unverzerrt, b. im $1/\Delta$- Maßstab als "Glaser-Diagramm"

Da das Partialdruckgefälle Δp in einer Schicht proportional dem Wasserdampf-Diffusionsdurchlaßwiderstand $1/\Delta$ dieser Stoffschicht ist und die Wasserdampf-Diffusionsstromdichte i bei stationärem Diffusionsstrom ohne Tauwasserbildung konstant bleibt,

$$i = \frac{p}{1/\Delta} \tag{24}$$

läßt sich der Partialdruckverlauf in einer mehrschichtigen Wand auf einfache Weise ermitteln: man errechnet die Wasserdampf-Diffusionsdurchlaßwiderstände der einzelnen Schichten, trägt diese auf der Abzisse eines Diagramms ab, fügt anhand einer Ordinate auf den Bauteiloberflächen die Partialdrücke innen und außen, p_i und p_a, ein, und wird, da bei konstanter Diffusionsstromdichte der Wasserdampfteildruck von $1/\Delta$ abhängig linear verlaufen muß, diesen als Verbindung $p_i - p_a$ erhalten (Bild 9b).

Das "Glaser-Diagramm" ermöglicht auch die Erhellung jener Situationen, bei denen es zu einer Tauwasserbildung innerhalb des Bauteils kommt. Bild 10 zeigt eine mehrschichtige Außenwand. Eine lineare Verbindung $p_i - p_a$ würde die Sättigungsdruckkurve überschneiden. Dies ist nicht möglich. Der tatsächliche Verlauf entspricht vielmehr, wie Glaser nachgewiesen hat, jener Lage, die ein Seil einnehmen würde, das zwischen p_i und p_a ausgespannt wird, so, daß es sich der Sättigungsdruckkurve anschmiegen muß.

Deutlich erkennbar verläuft die Partialdruckkurve in zwei getrennten Bereichen mit jeweils unterschiedlicher Neigung linear: als Tangente von p_i und als Tangente von p_a aus an die Sättigungsdruckkurve bis zum Berührungspunkt p_{sw}. In der durch diesen Punkt parallel zu den Wandoberflächen ausgespannten Ebene fällt Tauwasser an. Der Diffusionsstrom zerfällt in zwei Teile, in einen hineindiffundierenden Teil von p_i bis p_{sw}, der den Wasserdampf-Diffusionsdurchlaßwiderstand $1/\Delta_i$, und in einen hinausdiffundierenden Teil von p_{sw} bis p_a, der den Wasserdampf-Diffusionsdurchlaßwiderstand $1/\Delta_a$ zu überwinden hat. Die Größenordnungen der Wasserdampf-Diffusionsstromdichten lassen sich jetzt erfassen:

$$i_i = \frac{p_i - p_{sw}}{1/\Delta_i} \tag{25}$$

$$i_a = \frac{p_{sw} - p_a}{1/\Delta_a} \tag{26}$$

Die in der Wand verbleibende Tauwassermenge läßt sich als die Differenz der beiden Diffusionsstromdichten errechnen:

$$i = i_i - i_a \tag{27}$$

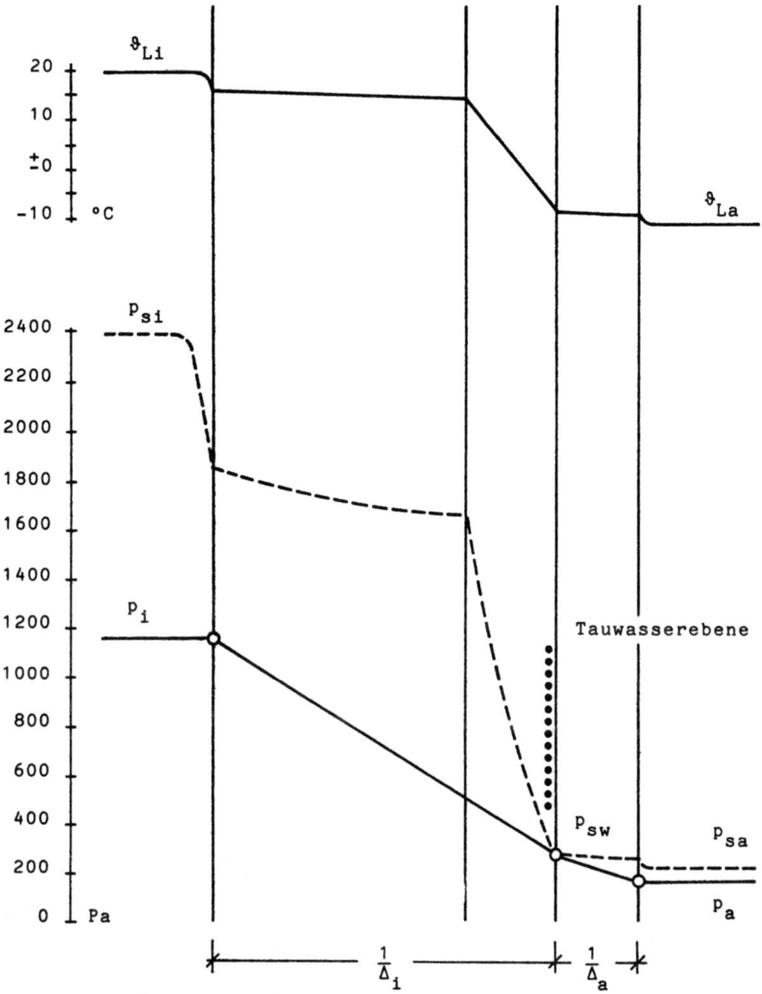

Bild 10

Temperaturverlauf und Dampfdruckverlauf in einer mehrschichtigen Außenwand, dargestellt als "Glaser-Diagramm", Tauwasserausfall in einer Ebene, Tauperiode

Gelegentlich, so z.B. bei einschaligen Bauteilen unter schärferen Klimabedingungen, wird man an Stelle der Tauwasserebene im Glaser-Diagramm die Ausbildung eines Tauwasserbereichs an-

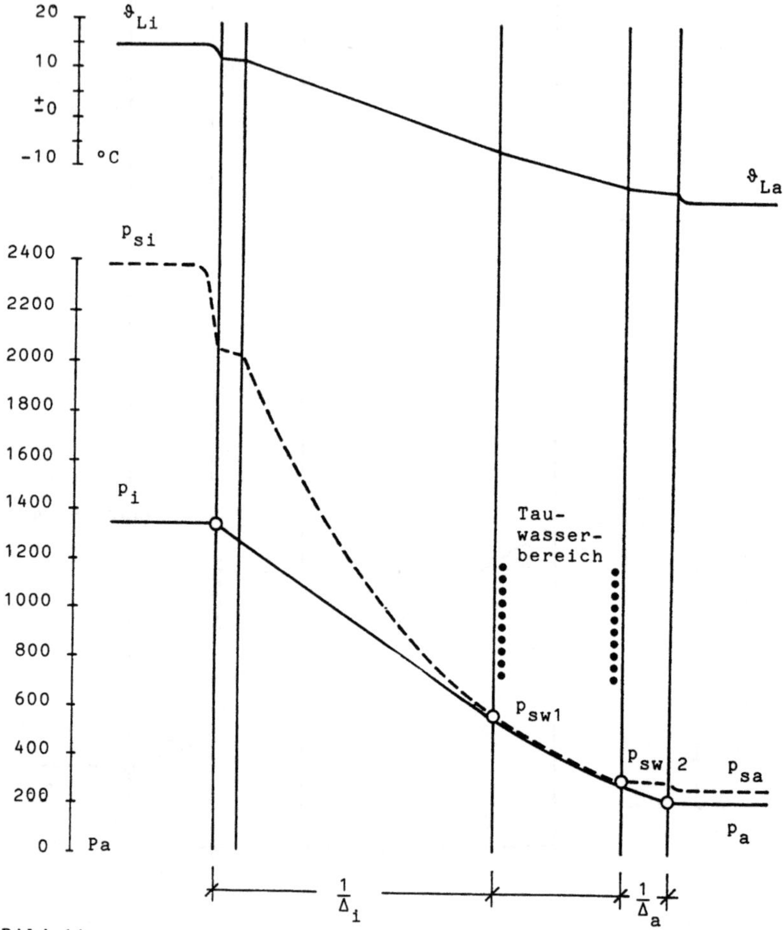

Bild 11

Temperaturverlauf und Dampfdruckverlauf in einer beschichteten einschaligen Außenwand, dargestellt als "Glaser-Diagramm", Tauwasserausfall in einem Bereich, Tauperiode

treffen (Bild 11). Die Tangenten von p_i und von p_a aus berühren die Wasserdampfsättigungsdruckkurve in $p_{sw\,1}$ und $p_{sw\,2}$. Durch die Berührungspunkte parallel zu den Wandoberflächen ausgespannte Ebenen schließen eine Feuchtezone ein, in der sich der Verlauf des Partialdruckes dem des Sättigungsdruckes anschmiegen muß. Dem auf diese Weise erzwungenen stetigen Neigungswechsel der Partialdruckkurve entspricht ein stetiger Tauwasserausfall in diesem Bereich. Die Wasserdampf-Diffusionsstromdichten sind jetzt

$$i_i = \frac{p_i - p_{sw\,1}}{1/\Delta_i} \tag{28}$$

$$i_a = \frac{p_{sw\,2} - p_a}{1/\Delta_a} \tag{29}$$

Ausgesprochen selten wird man in einem Diffusionsdiagramm den Tauwasserausfall in zwei Ebenen beobachten können. Es kann dies der Fall sein, wenn in einem Bauteil stark wärmedämmende Schichten mit geringem Wasserdampf-Diffusionsdurchlaßwiderstand mit Schichten von geringer Wärmedämmung und hohem Wasserdampf-Diffusionsdurchlaßwiderstand wechseln (Bild 12). Die Tangenten von p_i und von p_a aus treffen die Sättigungsdruckkurve in $p_{sw\,1}$ und $p_{sw\,2}$. Im Gegensatz zu dem Diagramm in Bild 11 schmiegen sich zwischen diesen beiden Punkten der Teildruck und der Sättigungsdruck nicht einander an sondern lösen sich wieder voneinander, dergestalt, daß drei Diffusionsstromdichten ermittelt werden können:

$$i_i = \frac{p_i - p_{sw\,1}}{1/\Delta_i} \tag{30}$$

$$i_z = \frac{p_{sw\,1} - p_{sw\,2}}{1/\Delta_z} \tag{31}$$

$$i_a = \frac{p_{sw\,2} - p_a}{1/\Delta_a} \tag{32}$$

Aus diesen können dann die in der Wand verbleibenden Wasser-

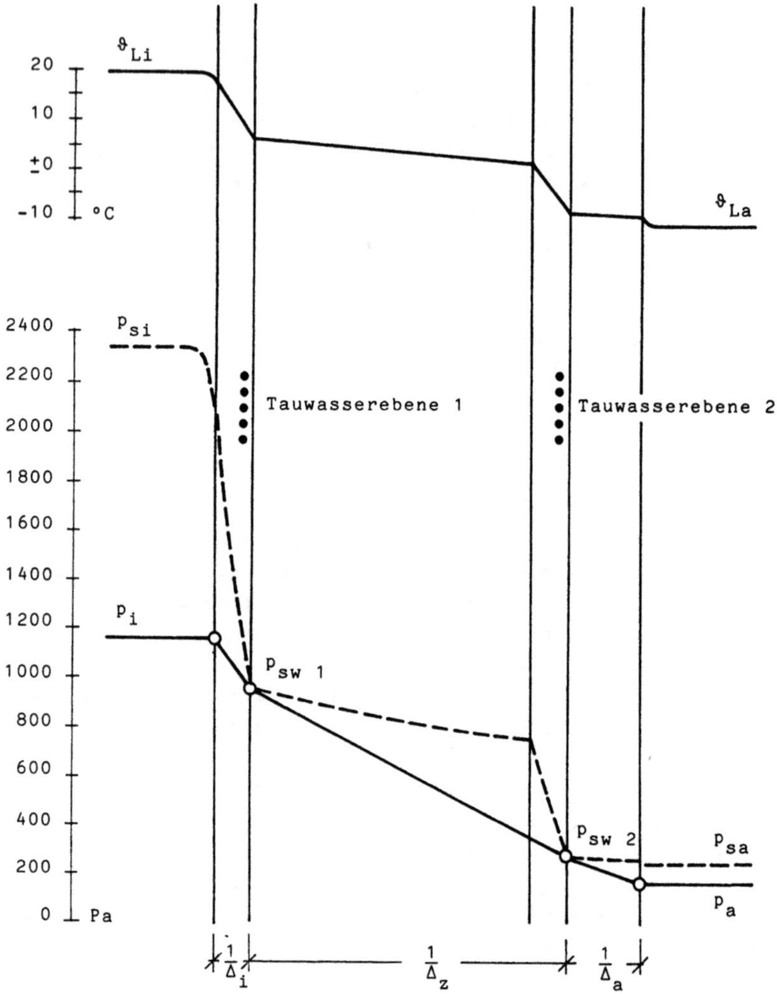

Bild 12

Temperaturverlauf und Dampfdruckverlauf in einem mehrschichtigen Bauteil, dargestellt als "Glaser-Diagramm", Tauwasserausfall in zwei Ebenen, Tauperiode

mengen errechnet werden. In der ersten Tauwasserebene wird man

$$i_1 = i_i - i_z \tag{33}$$

und in der zweiten Tauwasserebene

$$i_2 = i_z - i_a \tag{34}$$

erhalten.

Auch die Trocknungsvorgänge in einem Bauteil lassen sich mit dem Glaser-Diagramm verdeutlichen und größenmäßig erfassen. Bei einem Anstieg der Außentemperatur wird sich der Temperaturverlauf im Inneren des Bauteils und damit auch der ihm zugeordnete Sättigungsdampfdruckverlauf ändern. Zu Beginn des Austrocknungsvorgangs wird in der Tauwasserebene oder im Tauwasserbereich der Partialdruck gleich dem Sättigungsdruck sein. Liegen die Partialdrücke innen und außen niedriger als p_{sw}, so werden Diffusionsströme aus dem Feuchtebereich nach innen und nach außen zu erwarten sein (Bild 13). Die Wasserdampf-Diffusionsstromdichten lassen sich errechnen nach

$$i_i = \frac{p_{sw} - p_i}{1/\Delta_i} \tag{35}$$

$$i_a = \frac{p_{sw} - p_a}{1/\Delta_a} \tag{36}$$

Die Verdunstungsmenge ist

$$i = i_i + i_a \tag{37}$$

Bei Tauwasserbereichen wird man zur Sicherheit den längeren Diffusionsweg aus der Mitte des Feuchtebereiches nach innen und nach außen annehmen können (Beispiel W 2). Bei dem in Bild 12 beschriebenen Sonderfall, in dem zwei Tauwasserebenen angetroffen werden, wird man sinngemäß verfahren. Man wird anhand des Diagramms entscheiden, welche Diffusionsströme zu beobachten und welche Wasserdampfteildruckdifferenzen und Wasserdampfdurchlaßwiderstände der Berechnung der aus den

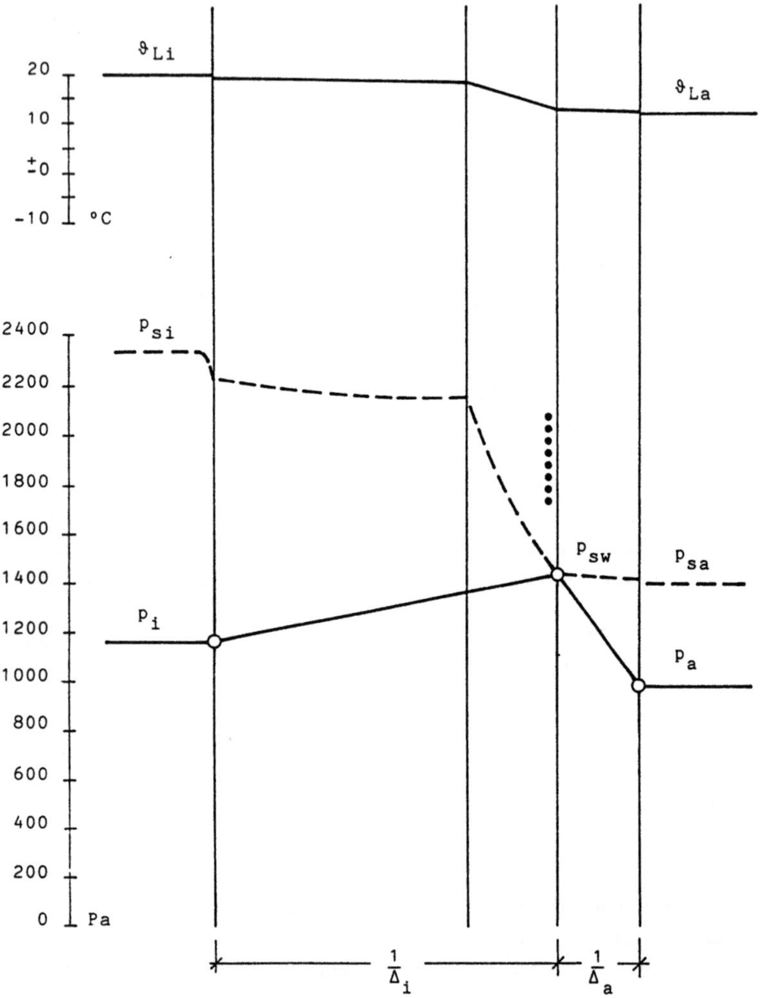

Bild 13
Temperaturverlauf und Dampfdruckverlauf in einer mehrschichtigen Außenwand, dargestellt als "Glaser-Diagramm", Tauwasserausfall in einer Ebene, Verdunstungsperiode

beiden Tauwasserebenen in den Innenraum und in den Außenraum zugrunde zu legen sind (Beispiel W 4).

Muß jedoch die Tauwasserbildung in einem Bauteil auf jeden Fall vermieden werden, so läßt sich mit Hilfe des Diagramms unschwer der Wasserdampf-Diffusionsdurchlaßwiderstand $1/\Delta_{DS}$ einer an der Innenseite anzubringenden Dampfsperre von geringer Materialdicke und unbedeutendem Wärmedurchlaßwiderstand bestimmen:

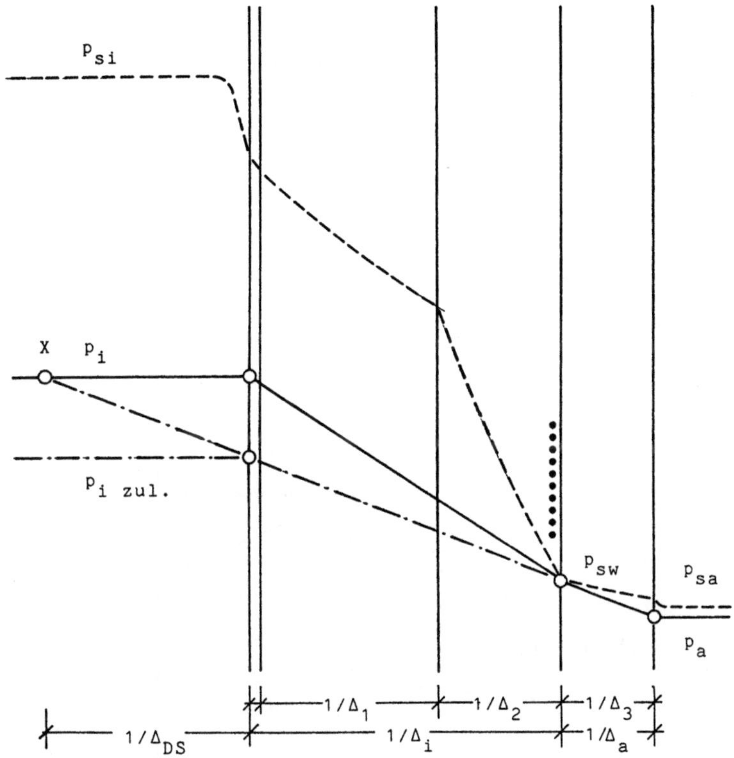

Bild 14
Ermittlung des notwendigen Wasserdampf-Diffusionsdurchlaßwiderstandes einer Dampfsperre

Ausgehend von der Überlegung, daß bei gleichbleibender Diffusionsstromdichte, die sich grafisch als ungeknickte Gerade des Partialdruckverlaufs darstellt, kein Kondensat ausfällt, wird die Tangente von p_a aus an die Sättigungsdruckkurve über den Berührungspunkt p_{sw} hinaus verlängert und zum Schnitt mit p_i gebracht. Auf dem Maßstab der $1/\Delta$ - Werte läßt sich die Größenordnung von $1/\Delta_{DS}$ der Dampfsperre ablesen. Darüber hinaus bezeichnet $p_{i\ zul.}$ an der Innenseite des Bauteils jenes Maß des Wasserdampfteildruckes auf dem p - Maßstab, das nicht überschritten werden darf, wenn einerseits auf die Verwendung einer Dampfsperre verzichtet werden muß, andererseits eine Tauwasserbildung ausgeschlossen werden soll.

Gelegentlich ist dieses grafische Verfahren zur Bestimmung von $1/\Delta_{DS}$ nicht anwendbar, da der gesuchte Schnittpunkt unzugänglich ist. Dann kann $1/\Delta_{DS}$ nach Bild 15 errechnet werden:

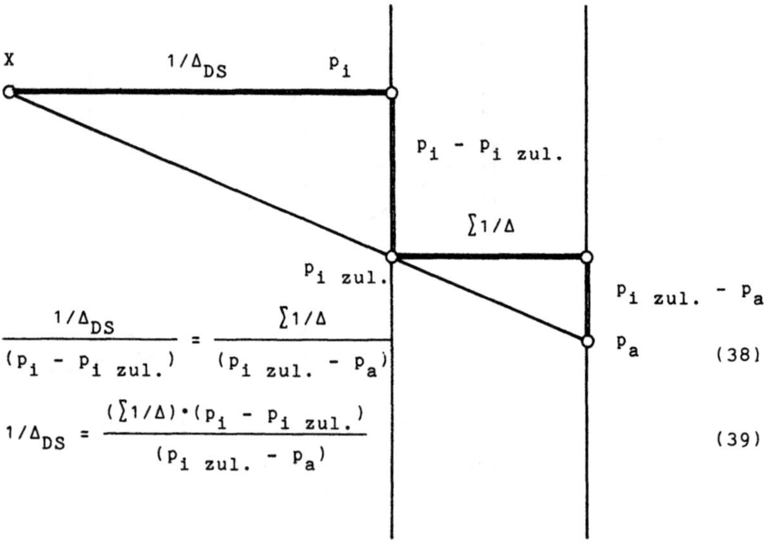

$$\frac{1/\Delta_{DS}}{(p_i - p_{i\ zul.})} = \frac{\sum 1/\Delta}{(p_{i\ zul.} - p_a)} \qquad (38)$$

$$1/\Delta_{DS} = \frac{(\sum 1/\Delta)\cdot(p_i - p_{i\ zul.})}{(p_{i\ zul.} - p_a)} \qquad (39)$$

Bild 15

Ermittlung des Wasserdampf-Diffusionsdurchlaßwiderstandes $1/\Delta_{DS}$ bei unzugänglichem Schnittpunkt X

Lange Zeit herrschte Unklarheit, welche Klimadaten, d.h. welche Temperaturen und welche relativen Luftfeuchtigkeiten innen und außen den Diffusionsberechnungen im allgemeinen Hochbau zugrunde zu legen sind.

Für die Innentemperaturen von Wohngebäuden mit einem Streubereich von 18 - 22 °C kann ein Mittelwert von 20 °C angenommen werden. Messungen von relativen Luftfeuchtigkeiten in Wohngebäuden zeigen Werte, die je nach Raumfunktion, aber auch nach Wohngewohnheiten und Heizungsart zwischen 30 und 60 %, in Feuchträumen auch gelegentlich bei 80 % liegen.

Dagegen ist der Schwankungsbereich der relativen Feuchtigkeit außen gering. Er liegt im allgemeinen zwischen 75 und 80 %. Da aber gleichzeitig die Temperaturen außen mehr oder weniger starken Veränderungen unterworfen sind, ändern sich die Wasserdampfteildrücke in gleichem Maße. So ist beispielsweise nach Tafel VIII bei

$$\vartheta_{La} = 6\ °C \text{ und } \varphi_a = 80\ \% \rightarrow p_a = 748\ Pa$$
$$\vartheta_{La} = 12\ °C \text{ und } \varphi_a = 80\ \% \rightarrow p_a = 1122\ Pa.$$

Die Entscheidung über die Randbedingungen, unter denen die Berechnung durchgeführt werden soll, hängt nicht nur von den meteorologischen Mittelwerten der Temperatur, des Wasserdampfteildrucks und des Luftdrucks ab, sondern auch von den Maßstäben, mit denen man das diffusionstechnische Verhalten eines Bauteils zu beurteilen beabsichtigt. Von F. Haferland [14], K. Eichler [17] und J. Fehér [20] wurden geeignete Untersuchungsverfahren vorgestellt.

1968 formulierte W. Caemmerer [16] die Bedingungen für ein Verfahren, das, wie oben erwähnt, als "Fertighausverfahren" wegen seiner leichten Handhabbarkeit in der Praxis weite Verbreitung fand. Die DIN 4108, Wärmeschutz im Hochbau, hat im Jahre 1981 diese Bedingungen mit nur unwesentlichen Änderungen in ihren Teil 3, klimabedingter Feuchteschutz, Anforderungen und Hinweise für Planung und Ausführung, und in ihren Teil 5, Berechnungsverfahren, aufgenommen.

2.2.3 Das Verfahren nach DIN 4108

Die Norm vereinfacht und verkürzt den Betrachtungszeitraum eines Jahres mit seinen ständig wechselnden klimatischen Situationen im Außenbereich auf zwei exakt begrenzte Zeiträume, in denen für die Temperaturen und die Wasserdampfteildrücke der Beharrungszustand angenommen wird: auf eine Tauperiode (Winter) und auf eine Verdunstungsperiode (Sommer).

Danach können für die Berechnung der diffundierenden Wassermengen von Bauteilen in nicht klimatisierten Wohn- und Bürogebäuden sowie in vergleichbar genutzten Gebäuden folgende vereinfachte Annahmen zugrunde gelegt werden:

Tauperiode

Außenklima	-10 °C, 80 % relative Luftfeuchte
Innenklima	20 °C, 50 % relative Luftfeuchte
Dauer	1440 Stunden (60 Tage)

Verdunstungsperiode

a. Wandbauteile und Decken unter nicht ausgebauten Dachräumen

Außenklima	12 °C, 70 % relative Luftfeuchte
Innenklima	12 °C, 70 % relative Luftfeuchte
Klima im Tauwasserbereich	12 °C, 100 % relative Luftfeuchte
Dauer	2160 Stunden (90 Tage)

b. Dächer, die Aufenthaltsräume gegen die Außenluft abschließen

Außenklima	12 °C, 70 % relative Luftfeuchte
Temperatur der Dachoberfläche	20 °C,
Innenklima	12 °C, 70 % relative Luftfeuchte
Klima im Tauwasserbereich	Temperatur entsprechend dem Temperaturgefälle von außen nach innen, 100 % relative Luftfeuchte
Dauer	2160 Stunden (90 Tage)

Bei schärferen Klimabedingungen, z.B. in Schwimmbädern,

bei klimatisierten Räumen, in manchen Gewerbebetrieben oder bei extremem Außenklima sind diese vereinfachten Annahmen nicht zulässig. Es ist dann das tatsächliche Raumklima und das Außenklima am Standort des Gebäudes sowie die tatsächliche Dauer zu berücksichtigen. Es ist das modifizierte Rechenverfahren nach Abschnitt 2.2.4. anzuwenden.

Bei der Beurteilung der Berechnungsergebnisse kann eine Tauwasserbildung in Bauteilen als unschädlich angesehen werden, wenn durch die Erhöhung des Feuchtegehaltes der Bau- und Dämmstoffe der Wärmeschutz und die Standsicherheit der Bauteile nicht beeinträchtigt werden. Diese Voraussetzungen liegen vor, wenn folgende Bedingungen erfüllt sind:

a. Das während der Tauperiode im Inneren des Bauteils anfallende Wasser muß während der Verdunstungsperiode wieder an die Umgebung abgegeben werden können.
b. Die Baustoffe, die mit dem Tauwasser in Berührung kommen, dürfen nicht geschädigt werden (z.B. durch Korrosion, Pilzbefall).
c. Bei Dach- und Wandkonstruktionen darf eine Tauwassermasse von insgesamt 1,0 kg/m² nicht überschritten werden. Dies gilt nicht für die Bedingungen d. und e.
d. Tritt Tauwasser an Berührungsflächen von kapillar nicht wasseraufnahmefähigen Schichten auf, so darf zur Begrenzung des Ablaufens oder Abtropfens eine Tauwassermenge von 0,5 kg/m² nicht überschritten werden (z.B. an Berührungsflächen von Faserdämmstoff- oder Luftschichten einerseits und Dampfsperr- oder Betonschichten andererseits).
e. Bei Holz ist eine Erhöhung des massebezogenen Feuchtegehaltes um mehr als 5 %, bei Holzwerkstoffen um mehr als 3 % unzulässig (vergl. auch DIN 68 800 Teil 2), Holzwolle-Leichtbauplatten nach DIN 1101 und Mehrschicht-Leichtbauplatten aus Schaumkunststoffen und Holzwolle nach DIN 1104 Teil 1 sind hiervon ausgenommen.

Die DIN 4108 gibt für die praktische Handhabung des Verfahrens weitere Vereinfachungen:

Die Wasserdampf-Diffusionsübergangswiderstände werden, wie oben bereits vermerkt, nicht berücksichtigt.

Die Temperatur- und Luftdruckeinflüsse werden vernachlässigt. Die Größe N wird als konstant angesehen und für 10 °C und den Luftdruck von 101 325 Pa ermittelt und eingesetzt. Dann wird nach (6)

$$D = 0{,}083 \cdot \frac{98\ 067}{101\ 325} \cdot \left(\frac{283}{273}\right)^{1{,}81} = 0{,}0857\ \frac{m^2}{h} \tag{40}$$

und nach (9)

$$N = \frac{R_D \cdot T}{D} = \frac{462 \cdot 283}{0{,}086} = 1\ 524\ 982 \approx 1{,}5 \cdot 10^6 \tag{41}$$

Der Wasserdampf-Diffusionsdurchlaßwiderstand einer Schicht wird dadurch zu

$$1/\Delta = 1{,}5 \cdot 10^6 \cdot s_d \tag{42}$$

oder bei einer mehrschichtigen Wand

$$1/\Delta = 1{,}5 \cdot 10^6 \cdot (s_{d1} + s_{d2} + \dots s_{dn}) \tag{43}$$

Ferner werden in den Diffusionsdiagrammen zur Darstellung der Stoffschichten an Stelle der Wasserdampf-Diffusionsdurchlaßwiderstände auf der Abzisse als Maßstab die wasserdampfdiffusionsäquivalenten Luftschichtdicken benutzt.

2.2.4. Das modifizierte Rechenverfahren

R. Jenisch hat in seinen Arbeiten 1970 und 1971 eine Rechenmethode beschrieben, die auf der Grundlage des Verfahrens von Glaser bei der Berechnung die konkreten im Bauwerk anzutreffenden Temperaturen und relativen Luftfeuchten sowie für den Außenraum die meteorologischen Daten am Gebäudestandort benutzt[21, 22].

Dabei wird das Innenklima in Abhängigkeit von der Nutzung meist ohne Schwierigkeiten zu ermitteln sein. In besonderen Fällen können die Hinweise der Tafel XI zu Rate gezogen werden. Für das Außenklima wird auf die Zusammenstellung der Monatsmittel und der Jahresmittel der Außenlufttemperatur verschiedener Städte in der Bundesrepublik Deutschland der Tafel VI und auf die Tafel VII mit den Angaben zur Häufigkeit der Tagesmitteltemperaturen verwiesen.

Zunächst wird in einem ersten Schritt ein Glaser-Diagramm angefertigt, bei dem die Jahresmitteltemperatur der Außenluft am Gebäudestandort zugrunde gelegt wird.

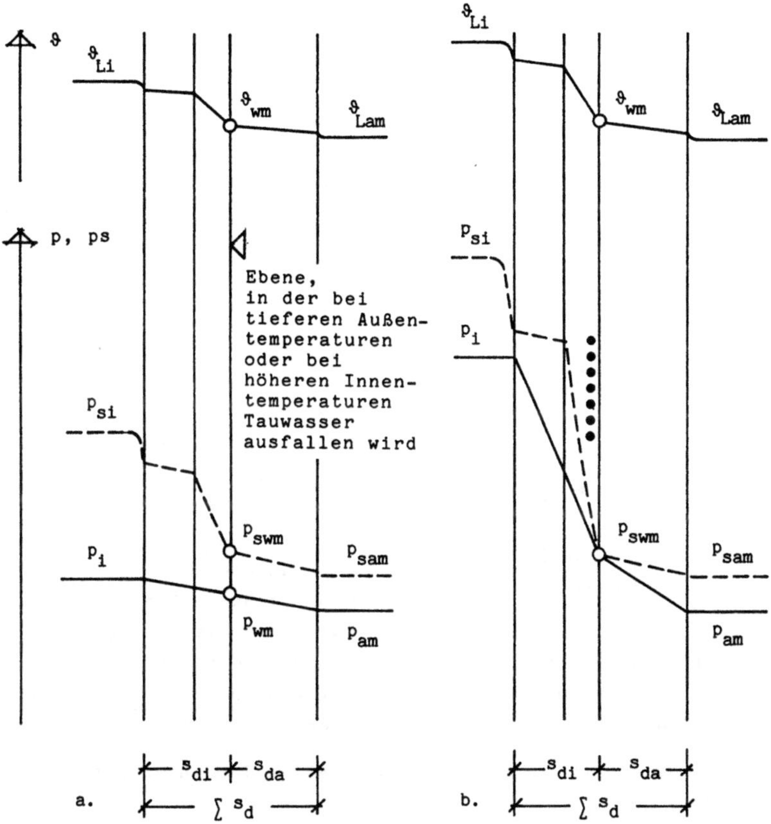

Bild 16
Glaser-Diagramme für ein Bauteil bei Jahresmitteltemperatur a. ohne Tauwasserausfall, b. mit Tauwasserausfall in einer Ebene

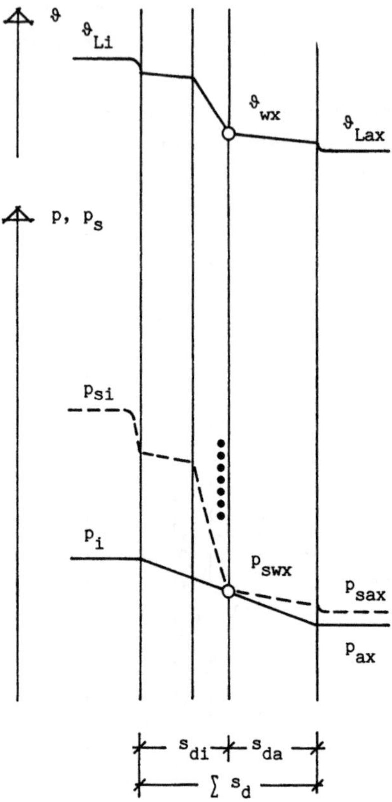

Bild 17
Diffusionsdiagramm für ein Bauteil zu Beginn der Tauwasserbildung

Dieses Diagramm ermöglicht bereits ein erstes wichtiges Urteil: kommt es hier, wie in Bild 16a nicht zu einer Tauwasserbildung, so wird im Ablauf eines Jahres die Verdunstungsmenge größer sein als der Tauwasserausfall. Ist jedoch wie in Bild 16b schon jetzt eine Tauwasserbildung zu beobachten, so wird die Tauwassermenge größer sein als die Verdunstungsmenge. Eine ständig wachsende Durchfeuchtung ist zu erwarten.

Im nächsten Schritt kann nun für den Fall a die bei tieferen Temperaturen anfallende Tauwassermenge bestimmt werden. Hierzu muß festgestellt werden, von welcher Außentemperatur ϑ_{Lax} an die Tauwasserbildung im Bauteil einsetzt, wie lange sie andauert und wie groß die mittlere Außenlufttemperatur ϑ_{Lak} während dieser Zeit ist.

Die Grenztemperatur ϑ_{Lax} läßt sich mit Hilfe ihres Sättigungsdampfdruckes p_{sax} ermitteln

$$p_{sax} = p_{sam} - \frac{p_{swm} - p_{wm}}{R \cdot L - S \cdot \frac{\varphi_a}{100}} \qquad (44)$$

Hierin ist

p_{sax} Wasserdampfsättigungsdruck der Grenztemperatur der Außenluft ϑ_{Lax}, in Pa

p_{sam} Wasserdampfsättigungsdruck der Jahresmitteltemperatur am Gebäudestandort ϑ_{Lam}, in Pa

p_{swm} Wasserdampfsättigungsdruck der Temperatur ϑ_{wm} in der voraussichtlichen Tauwasserebene, in Pa, (s. Bild 16a)

p_{wm} Wasserdampfteildruck in der voraussichtlichen Tauwasserebene bei einem Wasserdampfteildruck p_{am} der Außenluft, in Pa

p_{am} Wasserdampfteildruck der Außenluft bei der Jahresmitteltemperatur am Gebäudestandort ϑ_{Lam} und einer relativen Luftfeuchte φ_a, in Pa

R Verhältnis der Summe der Teilwärmedurchgangswiderstände vom Innenraum bis zur Tauwasserebene zum Gesamtwärmedurchgangswiderstand des Bauteils:

$$R = \frac{1/\alpha_i + 1/\Lambda_i}{1/k} \quad (45)$$

S Verhältnis der äquivalenten Luftschichtdicken vom Innenraum bis zur Tauwasserebene zur Summe der äquivalenten Luftschichtdicken des gesamten Bauteils

$$S = \frac{s_{di}}{\Sigma s_d} \quad (46)$$

L unbenannte Größe

$$L = 1 + \left(\frac{[2(\vartheta_{Li} - \vartheta_{Lam}) + \Delta\vartheta_{La}]}{(a_2/a_3 + 2\vartheta_{Lam} - \Delta\vartheta_{La})} \cdot (1-R)\right) \quad (47)$$

mit den nachfolgenden Einzelgrößen

ϑ_{Li} Lufttemperatur des Innenraumes, in °C, und

ϑ_{Lam} Jahresmitteltemperatur der Außenluft am

Gebäudestandort

ϑ_{wm} Temperatur in der voraussichtlichen Tauwasserebene bei $\vartheta_{La} = \vartheta_{Lam}$, in °C

a_2/a_3 temperaturabhängige Zahlenwerte der Dampfdruckgleichung

$$a_2/a_3 = (31{,}3 - 1{,}715) \cdot \vartheta_{wm} \qquad (48)$$

$\Delta\vartheta_{La}$ Temperaturdifferenz zwischen der Jahresmitteltemperatur ϑ_{Lam} und der gesuchten Grenztemperatur ϑ_{Lax}

$$\Delta\vartheta_{La} = \vartheta_{Lam} - \vartheta_{Lax} \qquad (49)$$

Die Größe $\Delta\vartheta_{La}$ ist zu Beginn der Berechnungen unbekannt. Deshalb wird für den ersten Schritt $\Delta\vartheta_{La} = 0$ angenommen und ein Näherungswert p^*_{sax} bestimmt, für den aus der Wasserdampfsättigungsdrucktabelle die zugehörige Grenztemperatur ϑ^*_{Lax} bestimmt werden kann.

In einem weiteren Schritt wird mit $\Delta\vartheta_{La} = \vartheta_{Lam} - \vartheta^*_{Lax}$ die Rechnung wiederholt und ϑ_{Lax} genauer und abschließend ermittelt.

Die Anzahl der Stunden t_T, in denen diese Temperatur ϑ_{Lax} unterschritten wird, kann aus der Tafel VII entnommen werden, desgleichen der Mittelwert der Außentemperatur ϑ_{Lak}, der für diesen Zeitraum anzusetzen ist.

Mit Hilfe der so gewonnenen Werte

ϑ_{Li} und φ_i : entsprechend der Nutzungsart des Gebäudes
ϑ_{La} : $= \vartheta_{Lak}$
φ_a : 80 %
t_T : nach Tafel VII, abgelesen für ϑ_{Lax}

verfügt man über alle Randbedingungen für eine Diffusionsberechnung nach Glaser, die unter Benutzung von (25), (26) und (27) die Größe der in der Tauperiode anfallenden Wassermenge liefern wird (Beispiel W 2b).

Bei der Beurteilung der Berechnungsergebnisse muß bedacht werden, daß alle beschriebenen Verfahren bereits von vereinfachenden Annahmen ausgehen. Sie unterstellen, daß die Bauteile trocken und die Baustoffe nicht hygroskopisch sind und daß sich dem Diffusionsvorgang keine kapillare Feuchtigkeitsleitung überlagert. Ebenso bleibt die freiwerdende Kondensationswärme unberücksichtigt.

2.3 Der Einfluß der Feuchtigkeit auf die Wärmeleitfähigkeit

Baustoffe in Gebäuden sind nicht nur den Einwirkungen der Wasserdampfdiffusion, sondern auch anderen Feuchtigkeitseinflüssen ausgesetzt. Bauwasser während der Herstellung des Bauwerks, Abbindefeuchtigkeit der Mörtel und Betone, Nutzungsfeuchte und Niederschläge sorgen für einen ständigen Feuchtegehalt der Stoffe, der sich auf zweierlei Weise ausdrücken läßt:

$$u_v = \text{volumenbezogener Feuchtegehalt} = \frac{\text{vorhandene Wassermenge } (m^3/m^2)}{\text{Volumen } (m^3/m^2)} \cdot 100 \ (\%) \qquad (50)$$

und

$$u_m = \text{massebezogener Feuchtegehalt} = \frac{\text{vorhandene Wassermenge } (kg/m^2)}{\text{Masse } (kg/m^2)} \cdot 100 \ (\%) \qquad (51)$$

Zwischen beiden besteht folgende Beziehung:

$$u_v = \frac{\text{Rohdichte des Stoffes } (kg/m^3)}{\text{Rohdichte des Wassers } (kg/m^3)} \cdot u_m \ (\%) \qquad (52)$$

Nach dem Abschluß der Bauarbeiten beginnt ein Austrocknungsprozeß. Nach einiger Zeit stellt sich ein Gleichgewichtszustand zwischen der Verdunstung aus dem Inneren der Bauteile und der Feuchtigkeitseinwirkung auf ihre Oberflächen ein. In diesem Gleichgewichtszustand erreichen die Baustoffe einen Feuchtegehalt, der als "praktischer Feuchtegehalt" bezeichnet wird. Man versteht darunter nach DIN 4108 Teil 4 (8.81) jenen Feuchtegehalt, der bei der Untersuchung genügend ausgetrockneter Bauten, die zum dauernden Aufenthalt von Menschen dienen, in 90 % aller Fälle nicht überschritten wurde.

Der Einfluß dieser Feuchtigkeit wird deutlich, wenn man die Wärmeleitfähigkeit von Wasser, λ = 0,6 W/(m·K), mit der von ruhender Luft, λ = 0,02 W/(m.K), vergleicht.

Die Wärmeleitfähigkeit eines Baustoffes wird deshalb nach DIN 52 612 Teil 1 (9.79) zunächst im Labor bei 10 °C in völlig trockenem Zustand als $\lambda_{10,tr.}$ bestimmt. Durch Hinzufügen eines Zuschlags Z nach DIN 52 612 Teil 2 (6.84) für den praktischen Feuchtegehalt wird daraus

$$\lambda_Z = \lambda_{10,\ tr.} \cdot (1 + Z) \qquad (53)$$

Dieser Wert bildet die Grundlage für die endgültige Bestimmung des Rechenwertes der Wärmeleitfähigkeit λ_R durch die DIN 4108 oder durch das Institut für Bautechnik, Berlin.

Die praktischen Feuchtegehalte von Baustoffen und die Zuschläge Z sind in der Tafel X des Anhangs zusammengefaßt.

Gelegentlich wird man das Ergebnis einer Diffusionsberechnung nicht nur an den schematisierten Bedingungen der DIN 4108 Teil 3 (8.81) messen wollen. Besonders dann, wenn in oder an Wärmedämmschichten größere Tauwassermengen errechnet wurden, kann eine Überprüfung der veränderten Wärmeleitfähigkeit zweckmäßig sein.

Man wird zunächst untersuchen, in welcher Weise die Feuchtigkeitsverteilung im Bauteil angenommen werden kann. Bei einem Tauwasserbereich kann man davon ausgehen, daß sich die angefallene Feuchtigkeit gleichmäßig in der betroffenen Schicht verteilt. Stellt sich der Feuchtigkeitsausfall in einer Tauwasserebene in der Trennfläche zwischen zwei Stoffschichten ein, so wird die Feuchteverteilung zu einem großen Teil von dem Wasseraufnahmekoeffizienten w dieser angrenzenden Schichten abhängen.

$w = W / \sqrt{h}$ beschreibt das Verhältnis der flächenbezogenen Wassermasse W, die von einer Baustoffprobe in einer Stunde aufgesaugt wird, zur Wurzel aus der Zeit in kg/($m^2 \cdot h^{0,5}$). Die Bestimmung von w geschieht nach DIN 52 167 (12.79) E. Bisher sind nur für wenige Baustoffe die Größen der Wasseraufnahmekoeffizienten veröffentlicht worden. W. Caemmerer und R. Neumann nennen in [28] für

Ziegel	=	22	$kg/(m^2 \cdot h^{0.5})$
Kalksandsteine	=	4	
Gasbeton	=	5	

Bei Kenntnis aller benötigten Werte könnte angenommen werden, daß sich die in einer Trennfläche ausgefallene Feuchtigkeit auf die angrenzenden Schichten entsprechend dem Verhältnis der Wasseraufnahmekoeffizienten der Stoffe verteilt.

Da hierfür vorerst noch die Voraussetzungen fehlen, die Berechnungen zudem der Sicherung eines ausreichenden Wärmeschutzes dienen sollen, erscheint es sinnvoll und konsequent, auch hier den ungünstigsten Fall anzunehmen: die Verteilung der Feuchtigkeit auf jene der beiden Schichten, die den höheren Wärmedurchlaßwiderstand besitzt.

Hat man diese Entscheidung getroffen, so wird man sich die Wärmeleitfähigkeit $\lambda_{10,tr.}$ der durchfeuchteten Schicht verschaffen:

$$\lambda_{10,tr.} = \frac{\lambda_R}{1 + Z} \qquad (54)$$

Man wird dann den durch W_T bestimmten Feuchtegehalt der Stoffschicht als u_v in Vol.-% oder als u_m in M.-% ermitteln, danach feststellen, wie hoch der Zuschlag z_f je % Feuchtigkeit anzusetzen ist, und wird so die Wärmeleitfähigkeit der durchfeuchteten Schicht erhalten nach

$$\lambda_f = \lambda_{10,tr.} \left[1 + Z + (u_v \cdot z_f)\right] \qquad (55)$$

oder

$$\lambda_f = \lambda_{10,tr.} \left[1 + Z + (u_m \cdot z_f)\right] \qquad (56)$$

Auch über die Zunahme der Wärmeleitfähigkeit von Baustoffen in Abhängigkeit von ihrem Feuchtegehalt sind die Angaben in der Literatur lückenhaft und zum Teil widersprüchlich.

Einen Richtwert kann man gewinnen, indem man die Zuschläge Z der DIN 52 612 durch die praktischen Feuchtegehalte u_v bzw. u_m der DIN 4108 dividiert. Man erhält dadurch einen Zuschlag z_f, der die Zunahme der Wärmeleitfähigkeit je Vol.-% bzw. je M.-% angibt. In diesem Sinne ist die Tafel X ergänzt worden.

Das Verfahren ist jedoch nicht völlig korrekt. Nach W.F. Cammerer [23] nimmt die Wärmeleitfähigkeit nur bei schweren Baustoffen mit dem Wassergehalt linear zu. Bei leichten Baustoffen, etwa unter einer Rohdichte von 800 kg/m³, geht die Wärmeleitfähigkeit innerhalb des hygroskopischen Wassergehaltes in einer schwachen Wendepunktkurve ansteigend in einen linearen Anstieg mit dem Wassergehalt über.

Bis zum Vorliegen weiterer und genauerer Informationen wird man sich dieser Hilfskonstruktion bedienen müssen, wenn man die Auswirkungen der Tauwassermenge abschätzen will.

Mit λ_f läßt sich abschließend der Wärmedurchlaßwiderstand der durchfeuchteten Schicht und danach der Wärmedurchlaßwiderstand des Bauteils ermitteln, den man am Ende einer Tauperiode erwarten darf (s. Beispiel W 1, W 2b und W 3).

3. Anwendungen

In sechs Beispielen soll die Anwendung der oben beschriebenen Verfahren demonstriert werden.

Das Beispiel W 1 behandelt eine zweischalige Außenwand mit Kerndämmung, eine Konstruktion, die in jedem Fall auf ihren Feuchteschutz hin überprüft werden muß, und benutzt dabei das Regelverfahren nach DIN 4108.

Die zweischalige Außenwand mit Schalenfuge des Beispiels W 2 gehört zu jenen Außenwandkonstruktionen, für die nach der Norm ein rechnerischer Nachweis des Tauwasserausfalls nicht erforderlich ist (s. Abschnitt 4.1). Die Anwendung des Regelverfahrens im Teil W 2a zeigt jedoch ein bedenkliches Ergebnis. Mit Hilfe des modifizierten Rechenverfahrens wird dieses Resultat im Teil W 2b unter genaueren Randbedingungen überprüft und korrigiert.

Im Beispiel W 3 wird ein mehrschichtiges Außenwandelement untersucht, dessen fehlerhafter Aufbau zu einem besonders großen Tauwasserausfall in der Tauperiode führt, der zudem nicht durch eine entsprechende Verdunstungsmenge ausgeglichen werden kann.

Die Ausbildung von je einer Tauwasserebene ist in den Beispielen W 1 und W 3, die Ausbildung eines Tauwasserbereichs ist im Beispiel W 2 zu beobachten. Das Beispiel W 4 weist einen Tauwasserausfall in zwei Ebenen aus.

In allen Wandbeispielen wird auch die Auswirkung der Feuchtigkeit auf die Wärmeleitfähigkeit der durchfeuchteten Stoffe näher betrachtet. Das im Abschnitt 2.3 beschriebene Verfahren wird zur Abschätzung des am Ende der Tauperiode zu erwartenden Wärmedurchlaßwiderstandes benutzt.

Das Beispiel D verwendet das Regelverfahren, um das Verhalten eines massiven unbelüfteten Flachdaches zu kontrollieren. Dabei wird die Verfahrensweise für die Verdunstungsperiode einer Kritik unterzogen und eine berichtigte Berechnungsmethode vorgeschlagen.

Das Beispiel S untersucht die diffusionstechnischen Verhältnisse in einer Kühlraumwand und benutzt dazu sowohl das vollständige Berechnungsverfahren nach Glaser als auch die durch Messungen ermittelten tatsächlich vorhandenen Klimadaten.

In den Beispielen W 4 und S wird die Bemessung der bei diesen Konstruktionen notwendig werdenden Dampfsperren gezeigt.

Alle Beispiele weisen in ihrer Darstellung den gleichen Aufbau aus: auf drei oder mehr Formblättern sind die einzelnen Teile der Diffusionsberechnungen und die Diffusionsdiagramme zusammengefaßt. Darüber hinaus sind den Beispielen W 1, W 2, D und S Checklisten beigegeben. In diesen wird die Handhabung der Berechnung für jedes dieser Beispiele vollständig und in sich abgeschlossen behandelt. So kann einerseits auf ständige Verweisungen verzichtet werden, andererseits wird der Einstieg in die Berechnung, besonders bei nur gelegentlicher Beschäftigung mit dem Stoff, wesentlich erleichtert.

Die Formblätter mußten aus reprotechnischen Gründen im Maßstab 1 : 0,66 verkleinert werden. Die Maßangaben in den Checklisten beziehen sich jeweils auf das Original. Sie sind bei Bedarf umzurechnen.

3.1 Berechnungsbeispiel W 1

mehrschichtige Außenwand
mit Kerndämmung

Wandaufbau

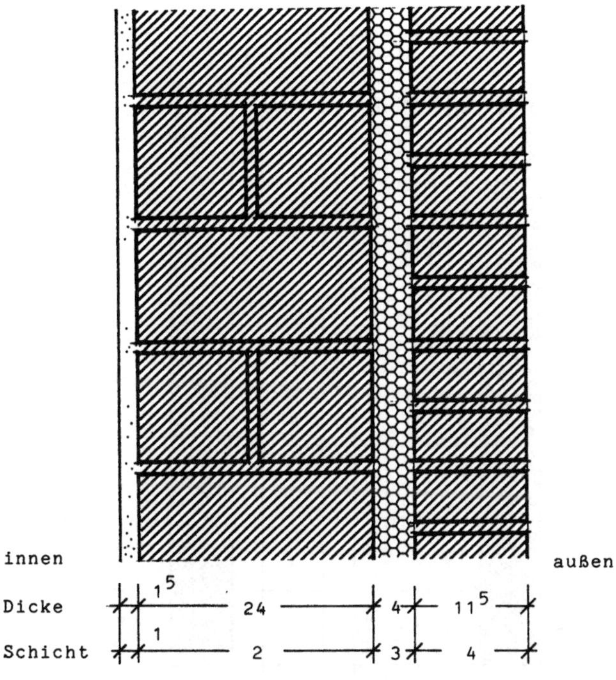

Schichtenfolge von innen nach außen:

Schicht	1	1,5 cm	Kalkmörtelputz
	2	24,0 cm	Hochlochziegel, HLz 1,4
	3	4,0 cm	Polystyrol-Partikelschaum 20 kg/m³ Wärmeleitfähigkeitsgruppe 030
	4	11,5 cm	Vormauer-Hochlochziegel, VHLz 1,8

Schicht	Baustoff	s	μ	s_d	$\sum s_d$	λ_R	$\frac{1}{\alpha};\frac{s}{\lambda_R}$	$\sum \frac{1}{\Lambda}$	$\Delta\vartheta$	ϑ_f	p_s	p	Bem.
		m	—	m	m	$\frac{W}{m \cdot K}$	$\frac{m^2K}{W}$	$\frac{m^2K}{W}$	K	°C	Pa	Pa	
1	2	3	4	5	6	7	8	9	10	11	12	13	14
	Luft innen									20,00	2 340	1 170	
	Wärmeübergang					$1/\alpha_i$ =0,13		0,13	1,88	18,12	2 079		
1	Kalkmörtelputz	0,015	15	0,225	0,225	0,87	0,017	0,147	0,25	17,87	2 052		
2	HLz 1,4	0,24	5	1,2	1,425	0,58	0,414	0,561	5,98	11,89	1 394		
3	PS-Hartschaum	0,04	30	1,2	2,625	0,030	1,333	1,894	19,26	-7,37	327		
4	VHLz 1,8	0,115	10	1,15	3,775	0,81	0,142	2,036	2,05	-9,42	274		
	Wärmeübergang					$1/\alpha_a$ =0,04		2,076	0,58				
	Luft außen									-10,00	260	208	

Innenklima

ϑ_{Li} = 20,0 °C; P_{si} = 2 340 Pa

φ_i = 50 % ; P_i = 1 170 Pa

Außenklima

ϑ_{La} = -10,0 °C; P_{sa} = 260 Pa

φ_a = 80 % ; P_a = 208 Pa

Kenndaten

1/Λ = 1,906 m²K/W

1/k = 2,076 m²K/W

k = 0,482 W/(m²K)

q = 14,448 W/m²

Untersuchung des Feuchteschutzes
Zusammenstellung der Rechengrößen für das Diffusionsdiagramm

Objekt: TSS 66.2

Bauteil: Außenwand W 1

Blatt: 1 Dat.: 13.11.81 Z.: W

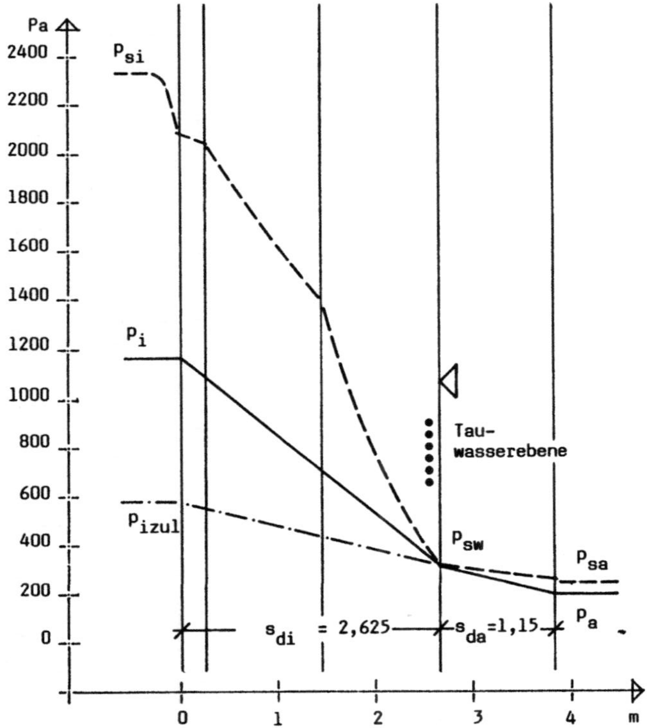

Berechnung der Tauwassermenge W_T:

$$i_i = \frac{p_i - p_{sw}}{1/\Delta_i} = \frac{1170 - 327}{1,5 \cdot 10^6 \; 2,625}$$

$$i_i = 0,000\,214 \text{ kg/(m}^2\text{h)}$$

$$i_a = \frac{p_{sw} - p_a}{1/\Delta_a} = \frac{327 - 208}{1,5 \cdot 10^6 \cdot 1,15}$$

$$i_a = 0,000\,069 \text{ kg/(m}^2\text{h)}$$

$$W_T = (i_i - i_a) \cdot t_T$$

$$= 0,000\,145 \cdot 1440$$

$$= 0,209 \text{ kg/m}^2 < W_{T\,zul} = 1,0 \text{ kg/m}^2$$

Untersuchung des Feuchteschutzes
Diffusionsdiagramm und Berechnung der diffundierenden Wassermengen

Objekt: TSS 66.2

Bauteil: Außenwand W 1

Blatt: 2 Dat.: 13.11.81 Z.: W

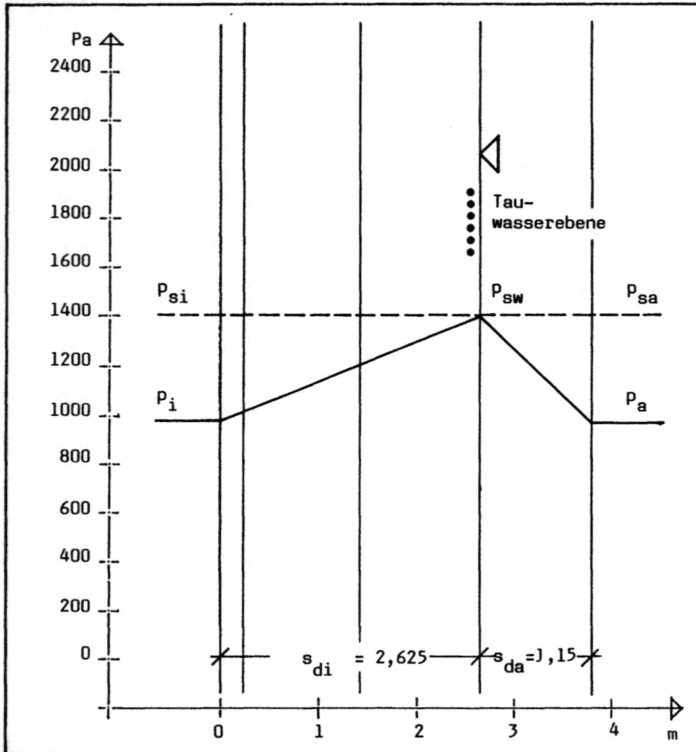

Berechnung der Verdunstungsmenge W_V:

$$i_i = \frac{p_{sw} - p_i}{1/\Delta_i} = \frac{1403 - 982}{1{,}5 \cdot 10^6 \cdot 2{,}625}$$

$$= 0{,}000\ 107\ kg/(m^2h)$$

$$i_a = \frac{p_{sw} - p_a}{1/\Delta_a} = \frac{1403 - 982}{1{,}5 \cdot 10^6 \cdot 1{,}15}$$

$$= 0{,}000\ 244\ kg/(m^2h)$$

$$W_V = (i_i + i_a) \cdot t_V$$
$$= 0{,}000\ 351 \cdot 2160$$
$$= 0{,}758\ kg/m^2 > W_T$$

Untersuchung des Feuchteschutzes
Diffusionsdiagramm und Berechnung der diffundierenden Wassermengen

Objekt: TSS 66.2

Bauteil: Außenwand W 1

Blatt: 3 Dat.: 13.11.81 Z.: W

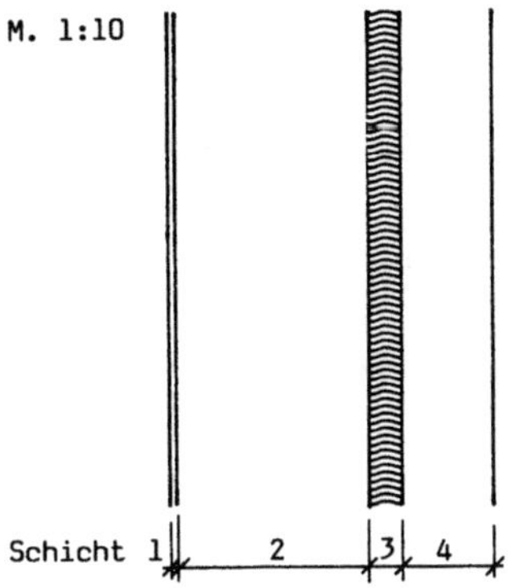

Tauwassermenge W_T = 0,209 kg/m²

Verteilung: gleichmäßig auf die Schicht 3, PS-Partikelschaum angenommen

Materialdaten der Stoffschicht:

s = 0,04 m

λ_R = 0,030 W/(m K)

Z = 0,05

$u_{v\ DIN\ 4108}$ = -- %

$u_{m\ DIN\ 4108}$ = 5 %

z_f = 0,01

ρ = 20 kg/m³

Volumen/Masse

W_T	= 0,000 209 m³	=	0,209	kg
$V_{Stoffschicht}$	= 0,04 m · 1,0 m · 1,0 m	=	0,040	m³
$M_{Stoffschicht}$	= 0,04 m · 1,0 m² · 20 kg/m³	=	0,800	kg

$$\lambda_{10,tr.} = \frac{\lambda_R}{1 + Z} = \frac{0,030}{1 + 0,05} = 0,029 \quad W/(m \cdot K)$$

$$u_{v\ bzw.\ m} = \frac{W_T}{V\ bzw.\ M} \cdot 100\ [\%]; \qquad u_m = \frac{0,209}{0,800} \cdot 100 = 26\ \%$$

$$\lambda_f = \lambda_{10,tr.} \left[1 + Z + (u_m \cdot z_f)\right] = 0,029 \left[1 + 0,05 + (26 \cdot 0,01)\right]$$
$$= 0,038 \quad W/(m \cdot K)$$

$1/\Lambda_{Ende\ Tauperiode}$

Schicht	Stoff	s	λ_R	s/λ_R
1	Kalkmörtelputz			0,017
2	HLz			0,414
3	PS-Partikelschaum	0,04	0,038	1,053
4	VHLz			0,142
				1,626 m²·K/W

Untersuchung des Feuchteschutzes
Auswirkung der Tauwassermenge
auf den Wärmeschutz
Bestimmung von $1/\Lambda_{Ende\ Tauperiode}$

Objekt: TSS 66.2

Bauteil: Außenwand W 1

Blatt: 4 Dat.: 13.11. 81 Z: W

Checkliste zum Berechnungsbeispiel W 1

Mehrschichtige Außenwand / Rechenverfahren nach DIN 4108

1. Zusammenstellung der Rechengrößen für das Diffusionsdiagramm der Tauperiode

1.01 Bestimmung der Klimadaten, hier, nach Tafel V

ϑ_{Li} = 20 °C, φ_i = 50 %, p_i = 1170 Pa
ϑ_{La} = -10 °C, φ_a = 80 %, p_a = 208 Pa

1.02 Eintragung des Wandaufbaus
der Stoffdicken
der Wasserdampf-Diffusionswiderstandszahlen μ nach Tafel I
in die Spalten 1,2,3, und 4.

Die Norm weist darauf hin, daß die Diffusionswiderstandszahlen erheblichen Schwankungen unterliegen. Sie gibt Richtwerte an und bestimmt in der Fußnote 4 zur Tafel I, daß jeweils der für die Baukonstruktion ungünstigere Wert einzusetzen ist. Hierzu wird man zunächst die vermutliche Lage der Tauwasserebene bestimmen. Für die von dieser Ebene zum Innenraum hin gelegenen Schichten werden die niedrigeren Richtwerte als ungünstig anzusehen sein. Kleine Diffusionswiderstände bewirken einen großen Diffusionsstrom in die Wand hinein. Für die von der Tauwasserebene zum Außenraum hin gelegenen Schichten sind hingegen die höheren Werte die für die Konstruktion ungünstigeren. Große Widerstände würden das Ausdiffundieren der in Wand eindiffundierten Feuchtigkeit entsprechend stark behindern.

In mehrschichtigen Bauteilen kann die Tauwasserebene im allgemeinen in der nach außen liegenden Trennfläche jener Schicht angenommen werden, die den größten Wärmedurchlaßwiderstand besitzt.
Im vorliegenden Beispiel wird die Tauwasserebene in

der Trennfläche zwischen den Schichten 3 und 4 zu finden sein. So wird für die Stoffschichten

1	Kalkmörtelputz	s = 0,015 m,	μ = 15
2	Hochlochziegel HLz 1,4	= 0,24	= 5
3	PS-Partikelschaum 2o kg/m³	= 0,04	= 30
4	Vormauer-Hochlochziegel VHLz 1,8	= 0,115	= 10

1.03 Berechnung der äquivalenten Luftschichtdicken der einzelnen Stoffschichten $s_d = s \cdot \mu$ und deren Eintragung in Spalte 5. Die fortlaufende Summierung dieser Werte in Spalte 6 erleichtert die Herstellung des Diagramms sowie die Ermittlung der Größen s_{di} und s_{da}.

$s_{d\,1}$ = 0,015 • 15 = 0,225, Σs_d = 0,225 m
$s_{d\,2}$ = 0,24 • 5 = 1,2 = 1,425
$s_{d\,3}$ = 0,04 • 30 = 1,2 = 2,625
$s_{d\,4}$ = 0,115 • 10 = 1,15 = 3,775

1.04 Eintragung der rechnerischen Wärmeleitzahlen λ_R der einzelnen Schichten aus Tafel I in Spalte 7, Berechnung der Teilwärmedurchlaßwiderstände s/λ_R und Eintragung in Spalte 8, Ergänzung durch die Wärmeübergangswiderstände $1/\alpha_i$ und $1/\alpha_a$ aus Tafel III.

$1/\alpha_i$	= 0,13			$\Sigma 1/\Lambda$ = 0,13 m²•K/W
s_1/λ_{R1}	= 0,015	: 0,87	= 0,017	= 0,147
s_2/λ_{R2}	= 0,24	: 0,58	= 0,414	= 0,561
s_3/λ_{R3}	= 0,04	: 0,030	= 1,333	= 1,894
s_4/λ_{R4}	= 0,115	: 0,81	= 0,142	= 2,036
$1/\alpha_a$	= 0,04			= 2,076

Die fortlaufende Summierung der Einzelwerte in Spalte 9 kann die Ermittlung der Kennwerte und der Hilfsgrößen für das modifizierte Rechenverfahren (s. Beispiel W 2) erleichtern.

1.05 Zusammenstellung der Kennwerte

$1/\Lambda = \Sigma\, s/\lambda_R$ = 1,906 m²· K/W

$1/k = 1/\alpha_i + 1/\Lambda + 1/\alpha_a = 2{,}076\ m^2 \cdot K/W$

$k \ = 0{,}482\ W/(m^2 \cdot K)$

$q \ = k\ (\vartheta_{Li} - \vartheta_{La}) = 14{,}448\ W/m^2$

1.06 Berechnung der Temperatursprünge $\Delta\vartheta$ in den einzelnen Schichten nach (19) bis (23) und deren Eintragung in Spalte 10.

$\Delta\vartheta = q \cdot s/\lambda_R$ bzw. $1/\alpha$; im Bereich

des Wärmeübergangs innen:	14,448 • 0,13	=	1,88 K
der Schicht 1	: 14,448 • 0,017	=	0,25 K
2	: 14,448 • 0,414	=	5,98 K
3	: 14,448 • 1,333	=	19,26 K
4	: 14,448 • 0,142	=	2,05 K
des Wärmeübergangs außen:	14,448 • 0,04	=	0,58 K

1.07 Ermittlung der Trennflächentemperaturen ϑ_f durch Subtraktion der $\Delta\vartheta$-Werte von der Ausgangstemperatur, der Innentemperatur ϑ_{Li}, und deren Eintragung in Spalte 11.

$\vartheta_{Li} - \Delta\vartheta_{\text{Wärmeübergang}}$ = Wandoberflächentemperatur ϑ_{Oi}
20,00 - 1,88 = 18,12 °C

$\vartheta_{Oi} - \Delta\vartheta_{\text{Schicht 1}}$ = Trennflächentemperatur $\vartheta_{f\ 1/2}$
18,12 - 0,25 = 17,87 °C

$\vartheta_f - \Delta\vartheta_{\text{Schicht 2}}$ = Trennflächentemperatur $\vartheta_{f\ 2/3}$
17,87 - 5,98 = 11,89 °C

$\vartheta_f - \Delta\vartheta_{\text{Schicht 3}}$ = Trennflächentemperatur $\vartheta_{f\ 3/4}$
11,89 - 19,26 = -7,37 °C

$\vartheta_f - \Delta\vartheta_{\text{Schicht 4}}$ = Wandoberflächentemperatur ϑ_{Oa}
-7,37 - 2,05 = -9,42 °C

ϑ_{Oa} - Wärmeübergang = Außentemperatur ϑ_{La}
-9,42 - 0,58 = -10.00 °C

1.08 Bestimmung der Sättigungsdampfdrücke p_s, die zu den

jeweiligen Trennflächentemperaturen ϑ_f gehören, nach Tafel VIII, und deren Eintragung in Spalte 12:

ϑ_{Li}	= 20,00 °C;	→	p_s	=	2 340 Pa
ϑ_{Oi}	= 18,12 ;	→		=	2 079
$\vartheta_{f\ 1/2}$	= 17,87 ;	→		=	2 052
$\vartheta_{f\ 2/3}$	= 11,89 ;	→		=	1 394
$\vartheta_{f\ 3/4}$	= -7,37 ;	→		=	327
ϑ_{Oa}	= -9,42 ;	→		=	274
ϑ_{La}	= -10,00 ;	→		=	260

Hierbei ist ein Interpolieren unnötig. Für die Darstellung des Sättigungsdruckverlaufes ist es von hinreichender Genauigkeit, wenn die ϑ_f auf Zehntelgrade gerundet und danach die p_s-Drücke aus der Tafel abgelesen werden.

Gelegentlich ist es erforderlich, die Deutlichkeit der Sättigungsdampfdruckkurve, besonders in ihrem kritischen Bereich, dort, wo sich ihr der Partialdruck nähert, dadurch zu erhöhen, daß man ihren nichtlinearen Verlauf berücksichtigt. Man verschafft sich zusätzlich zu den Trennflächentemperaturen ϑ_f die Mitteltemperaturen ϑ_m der Stoffschichten und bestimmt auch für diese die p_s-Werte aus Tafel VIII.

Dieser im Formblatt aus Platzgründen nicht erfaßte Schritt stellt sich wie folgt dar:

$$\vartheta_{m\ 1} = \vartheta_{Oi} - \frac{\Delta\vartheta 1}{2} = 18{,}12 - \frac{0{,}25}{2} = 18{,}00\ °C$$

$$\vartheta_{m\ 2} = \vartheta_{f\ 1/2} - \frac{\Delta\vartheta 2}{2} = 17{,}87 - \frac{5{,}98}{2} = 14{,}88\ °C$$

$$\vartheta_{m\ 3} = \vartheta_{f\ 2/3} - \frac{\Delta\vartheta 3}{2} = 11{,}89 - \frac{19{,}26}{2} = 2{,}26\ °C$$

$$\vartheta_{m\ 4} = \vartheta_{f\ 3/4} - \frac{\Delta\vartheta 4}{2} = -7{,}37 - \frac{2{,}05}{2} = -8{,}40\ °C$$

p_s zu $\vartheta_{m\ 1}$ = 2 065 Pa; p_s zu $\vartheta_{m\ 2}$ = 1 695 Pa

p_s zu $\vartheta_{m\ 3}$ = 721 Pa; p_s zu $\vartheta_{m\ 4}$ = 298 Pa

2. Diffusionsdiagramm und Berechnung der diffundierenden Wassermengen für die Tauperiode

2.01 Anlage einer Abzisse mit der Eintragung eines geeigneten Maßstabes für die äquivalenten Luftschichtdicken, hier z.B. 10 mm ≙ 0,5 m.

2.02 Abtragen der äquivalenten Luftschichtdicken der einzelnen Schichten, hier von der Innenoberfläche der Wand nach rechts.

2.03 Anlage einer Ordinate mit der Eintragung eines geeigneten p-Maßstabes, hier z.B. 10 mm ≙ 200 Pa.

2.04 Eintragung der für die einzelnen Trennflächen ermittelten Sättigungsdampfdrücke p_s aus der Spalte 12 des Formblattes 1, gegebenenfalls Ergänzung durch die gesondert bestimmten Sättigungsdampfdrücke in den Schichtmitten, hier aus Abschnitt 1.08. Die Verbindung der gefundenen Punkte ergibt die Sättigungsdruckkurve, den Wasserdampfsättigungsdruckverlauf innerhalb des Bauteils.

2.05 Ermittlung der im Innenraum (oder an der warmen Innenoberfläche des Bauteils) maximal zulässigen relativen Luftfeuchtigkeit, wenn im Inneren der Wand keine Tauwasserbildung zugelassen werden soll.

Ausgehend von der Überlegung, daß sich ein Diffusionsstrom ohne Tauwasserbildung im Diffusionsdiagramm als ungeknickter Partialdruckverlauf darstellt,(s.S.35f.), daß ferner zwar die relative Luftfeuchtigkeit innen, nicht aber das Klima außen manipuliert werden kann, trägt man zunächst den Wasserdampfteildruck außen, hier aus Formblatt 1 p_a = 208 Pa, auf der Außenoberfläche des Bauteils ein, legt dann eine Tangente von p_a aus an die p_s-Kurve und erhält den Berührungspunkt p_{sw} sowie den Endpunkt $p_{i\ zul.}$ der Tangente auf der

Innenoberfläche der Wand. Für $p_{i\ zul.}$ kann auf der Ordinate der im Innenraum maximal zulässige Wasserdampfteildruck abgelesen werden, hier:

$$p_{i\ zul.} \approx 570\ pa \quad ; \quad \varphi_{zul.} \approx \frac{p_{i\ zul.}}{p_s} \cdot 100\ (\%)$$

$$\varphi_{zul.} \approx \frac{570}{2\ 340} \cdot 100 \approx 24\ \% < \varphi_{vorh.} = 50\ \%$$

Liegt die vorhandene relative Luftfeuchtgkeit innen niedriger als die ermittelte relative Luftfeuchtigkeit, so kann die Untersuchung als abgeschlossen gelten. Eine Tauwasserbildung findet nicht statt. Liegt sie jedoch höher als der ermittelte zulässige Wert, so ist mit der Bildung einer Tauwasserebene bzw. eines Tauwasserbereichs im Inneren des Bauteils zu rechnen. Zu überprüfen ist die Größe der anfallenden Tauwassermenge und ihre Auswirkung.

2.06 Eintragung des Partialdruckes innen p_i auf der Innenoberfläche der Wand, hier, aus Formblatt 1 p_i = 1170 Pa. Der Linienzug $p_i - p_{sw} - p_a$ stellt den tatsächlichen Dampfdruckverlauf im Inneren des Bauteils dar.

Das Diagramm ist damit vollständig, es kann mit der Auswertung begonnen werden.

Die Partialdruckkurve wird im Punkt p_{sw} zum Ausknikken gezwungen. Eine durch p_{sw} parallel zu den Wandoberflächen gedachte Ebene ist als Tauwasserebene anzusprechen. Der Diffusionsstrom zerfällt in einen hineindiffundierenden und in einen hinausdiffundierenden Teil. Die Diffusionsstromdichten dieser Teile können nun nach (25) und (26) berechnet werden.

2.07 Berechnung der in die Wand hinein bis zur Tauwasserebene diffundierenden Wassermenge:

$$i_i = \frac{p_i - p_{sw}}{1/\Delta_i} = \frac{p_i - p_{sw}}{1{,}5 \cdot 10^6 \cdot s_{di}} \quad kg/(m^2.h)$$

$$i_i = \frac{1\,170 - 327}{1{,}5 \cdot 10^6 \cdot 2{,}625} = 0{,}000\ 214\ \text{kg/(m}^2\text{.h)}$$

2.08 Berechnung der aus der Wand von der Tauwasserebene nach außen diffundierenden Wassermenge:

$$i_a = \frac{p_{sw} - p_a}{1/\Delta_a} = \frac{p_{sw} - p_a}{1{,}5 \cdot 10^6 \cdot s_{da}}$$

$$i_a = \frac{327 - 208}{1{,}5 \cdot 10^6 \cdot 1{,}15} = 0{,}000\ 069\ \text{kg/(m}^2\text{.h)}$$

2.09 Die Differenz $i_i - i_a$ ergibt die in der Wand verbleibende Wassermenge:

$0{,}000\ 214 - 0{,}000\ 069 = 0{,}000\ 145$ kg/(m².h)

2.10 Berechnung der während der Tauperiode anfallenden Wassermenge W_T:

$W_T = (i_i - i_a) \cdot t_T$; t_T ist nach Tafel V = 1 440 h,

$W_T = 0{,}000\ 145 \cdot 1\ 440 = 0{,}209$ kg/m² $< W_{T\ zul} = 1{,}0$

Ist W_T kleiner als die in der Tafel V genannte Menge von 0,5 bzw. 1,0 kg/m², so darf sie als unbedenklich angesehen werden. Zu prüfen ist nun, ob die während der Tauperiode angefallene Wassermenge in einer Verdunstungsperiode wieder vollständig nach außen diffundiert und damit die Gefahr einer ständig wachsenden Feuchtigkeitsansammlung vermieden wird.

3. Zusammenstellung der Rechengrößen für das Diffusionsdiagramm der Verdunstungsperiode

Hier bedarf es keiner weiteren Berechnung. Die äquivalenten Luftschichtdicken haben sich gegenüber der Tauperiode nicht verändert. Der Temperaturverlauf braucht nicht berechnet zu werden. Die Trennflächentemperaturen sind gleich der Innen- und Außentemperatur von 12 °C. Die Klimadaten für die Verdunstungsperiode lauten nach Tafel V:

ϑ_{li} = 12 °C, φ_i = 70 %, p_i = 982 Pa
ϑ_{La} = 12 °C, φ_a = 70 %, p_a = 982 Pa
im Tauwasserbereich : = 100 % relative Luftfeuchte.

4. Diffusionsdiagramm und Berechnung der diffundierenden Wassermengen für die Verdunstungsperiode

Zur Verdeutlichung des Verdunstungsvorganges sollte entsprechend dem unter 2. beschriebenen Verfahren das Diffusionsdiagramm angefertigt werden. Es erleichtert dem mit dem Verfahren noch nicht sehr vertrauten Bearbeiter die Berechnung der aus der Tauwasserebene bzw. aus dem Tauwasserbereich nach innen und nach außen hinausdiffundierenden Wassermengen:

4.01 Anlage einer Abzisse mit der Eintragung eines geeigneten Maßstabes für die äquivalenten Luftschichtdicken, hier z.B. 10 mm ≙ 0,5 m.

4.02 Abtragen der äquivalenten Luftschichtdicken der einzelnen Schichten, hier von der Innenoberfläche der Wand nach rechts.

4.03 Anlage einer Ordinate mit der Eintragung eines geeigneten p-Maßstabes, hier z.B. 10 mm ≙ 200 Pa.

4.04 Eintragen des in den einzelnen Trennflächen möglichen Sättigungsdampfdruckes p_s. Da innen und außen eine Temperatur von 12 °C zu Grunde zu legen ist, kann auch in jeder Trennfläche die gleiche Temperatur angenommen werden. Dieser Trennflächentemperatur ist nach Tafel VIII ein Sättigungsdampfdruck p_s = 1403 Pa zugeordnet, der sich im Diffusionsdiagramm als waagerecht verlaufende Gerade darstellt.

4.05 Eintragung der innen und außen vorhandenen Partialdrücke auf den Wandoberflächen, hier, nach 3. $p_i = p_a$

4.06 Eintragung des im Inneren des Bauteils im Bereich des angefallenen Tauwassers vorhandenen Partialdruckes. Hier, in der Tauwasserebene, muß nach 3. eine relative Luftfeuchtigkeit von 100 % angenommen werden, es wird $p_{sw} = p_s = 1403$ Pa.

4.07 Eine Verbindung der gefundenen Punkte $p_i - p_{sw} - p_a$ liefert den Partialdruckverlauf innerhalb des Bauteils während der Verdunstungsperiode und macht deutlich, daß es sich hier um zwei Diffusionsströme handelt, die von der Tauwasserebene ausgehend nach der inneren oder nach der äußeren Oberfläche des Bauteils gerichtet sind.

4.08 Berechnung der aus der Tauwasserebene in den Innenraum diffundierenden Wassermenge:

$$i_i = \frac{p_{sw} - p_i}{1/\Delta_i} = \frac{p_{sw} - p_i}{1{,}5 \cdot 10^6 \cdot s_{di}} \quad \text{kg/(m}^2\text{.h)}$$

$$i_i = \frac{1403 - 982}{1{,}5 \cdot 10^6 \cdot 2{,}625} = 0{,}000\ 107\ \text{kg/(m}^2\text{.h)}$$

4.09 Berechnung der aus der Tauwasserebene in den Außenraum diffundierenden Wassermenge:

$$i_a = \frac{p_{sw} - p_a}{1/\Delta_a} = \frac{p_{sw} - p_a}{1{,}5 \cdot 10^6 \cdot s_{da}} \quad \text{kg/(m}^2\text{.h)}$$

$$i_a = \frac{1403 - 982}{1{,}5 \cdot 10^6 \cdot 1{,}15} = 0{,}000\ 244\ \text{kg/(m}^2\text{.h)}$$

4.10 Die Summe $i_i + i_a$ ergibt die aus der Wand verdunstende Wassermenge:

$0{,}000\ 107 + 0{,}000\ 244 = 0{,}000\ 351$ kg/(m².h)

4.11 Berechnung der während der Verdunstungsperiode aus der Wand verdunstenden Wassermenge:

$W_V = (i_i + i_a) \cdot t_V$; t_V ist nach Tafel V = 2160 h,

W_V = 0,000 351 · 2160 = 0,758 kg/m² > W_T = 0,209 kg/m²

Die Verdunstungsmenge ist größer als die Tauwassermenge. Die Gefahr einer sich ständig summierenden Feuchtigkeitsansammmlung in der Wand besteht nicht. Die Anforderungen an den Feuchteschutz nach DIN 4108 T 3, s. S. 38 f. und Tafel V, sind erfüllt.

5. Abschätzung des am Ende der Tauperiode vorhandenen Wärmedurchlaßwiderstandes

Mit dem Schritt 4.11 ist das Verfahren nach DIN 4108 abgeschlossen. Eine Tauwassermenge W_T < 1,0 kg/m² gefährdet den Wärmeschutz des Bauteils nicht. Will man sich mit dieser pauschalen Aussage nicht zufrieden geben und abschätzen, welchen Wärmedurchlaßwiderstand man am Ende der Tauperiode zu erwarten hat, so ist dieses über folgende Schritte (s.S. 45 ff.) möglich:

5.01 Entscheidung, welche Feuchtigkeitsverteilung im Bauteil für die Untersuchung angenommen werden soll:
Die Tauwasserebene liegt in der Trennfläche zwischen der Schicht 3, PS-Partikelschaum, und 4, VHLz. Es wird der ungünstigere Fall angenommen, die Verteilung des Kondensats auf die Schicht 3.

5.02 Bestimmung des Feuchtegehaltes der durchfeuchteten Schicht, in Volumen- oder in Masseprozenten, je nachdem, wie der praktische Feuchtegehalt in Tafel X angegeben ist, hier:

Massen
PS-Partikelschaum = 0,04 m · 1,0 m²·20 kg/m³ = 0,800 kg
Tauwassermasse W_T = 0,209 kg

$$u_m \text{ Ende Tauperiode} = \frac{0{,}209}{0{,}800} \cdot 100 = 26\ \% > u_{m\ \text{DIN 4108}} = 5\ \%$$

5.03 Ermittlung der Wärmeleitfähigkeit $\lambda_{10,tr.}$ nach (54):

$$\lambda_{10,tr.} = \frac{\lambda_R}{1 + Z}$$; hierin ist

λ_R nach Tafel I = 0,030 W/(m·K)
Z nach Tafel X = 0,05

$$\lambda_{10,tr.} = \frac{0{,}030}{1{,}05} = 0{,}029 \text{ W/(m·K)}$$

5.04 Ermittlung der Wärmeleitfähigkeit der durchfeuchteten Schicht λ_f nach (56):

$\lambda_f = \lambda_{10,tr.} \left[1 + Z + (u_m \cdot z_f)\right]$; hierin ist

z_f nach Tafel X = 0,01

$$\lambda_f = 0{,}029 \left[1 + 0{,}05 + (26 \cdot 0{,}01)\right] = 0{,}038 \text{ W/(m·K)}$$

5.05 Ermittlung des Wärmedurchlaßwiderstandes des Bauteils am Ende der Tauperiode

Schicht	s	λ_R	s/λ_R
1	0,015	0,87	0,017
2	0,24	0,58	0,414
3	0,04	0,038	1,053
4	0,115	0,81	0,142

$1/\Lambda_{\text{Ende Tauperiode}}$ = 1,626 m²·K/W

Der Wärmedurchlaßwiderstand hat sich im Laufe der Tauperiode um 8,5 % verschlechtert. Er liegt jedoch noch immer weit über dem Mindestwärmedurchlaßwiderstand von 0,55 m²·K/W.

Das Ergebnis kann angesichts der relativ geringen Tauwassermenge nicht überraschen. 0,209 kg Wasser bilden, über eine Fläche von 1m² verteilt, einen Feuchtigkeitsfilm von nur 0,2 mm Dicke.

3.2 Berechnungsbeispiel W 2

zweischalige Außenwand
mit Schalenfuge
Gebäudestandort Bremen

Wandaufbau

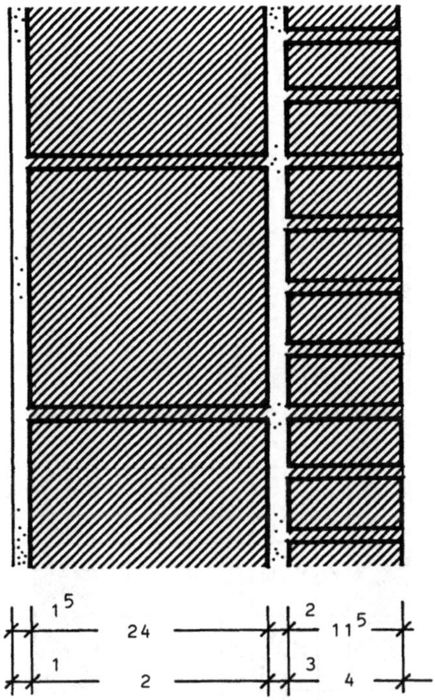

Schichtenfolge von innen nach außen:

Schicht 1	1,5 cm	Kalkmörtelputz
2	24,0 cm	Gasbeton-Blocksteine G 2(G 25) 0,5 nach DIN 4165
3	2,0 cm	Kalkzementmörtel
4	11,5 cm	Vollklinker 2,0

Schicht	Baustoff	s m	μ –	s_d m	$\sum s_d$ m	λ_R $\frac{W}{m \cdot K}$	$\frac{1}{\alpha};\frac{s}{\lambda_R}$ $\frac{m^2K}{W}$	$\sum \frac{1}{\Lambda}$ $\frac{m^2K}{W}$	$\Delta\vartheta$ K	ϑ_f °C	p_s Pa	p Pa	Bem.
1	2	3	4	5	6	7	8	9	10	11	12	13	14
	Luft innen									20,00	2 340	1 170	
	Wärmeübergang					$1/\alpha_i$	=0,13	0,13	2,74	17,26	1 976		
1	Kalkmörtel	0,015	15	0,225	0,225	0,87	0,017	0,147	0,36	16,90	1 926		
2	G 2(G 25) 0,5	0,24	5	1,2	1,425	0,22	1,091	1,238	23,03	-6,13	365	365	p_{sw1}
3	Kalkzementmörtel	0,020	35	0,7	2,125	0,87	0,023	1,261	0,49	-6,62	350	350	p_{sw2}
4	Vollklinker 2,0	0,115	100	11,5	13,625	0,96	0,120	1,381	2,53	-9,15	281		
	Wärmeübergang					$1/\alpha_a$	=0,040	1,421	0,84				
	Luft außen									-10,00	260		

Innenklima

ϑ_{Li} = 20,0 °C; p_{si} = 2 340 Pa

φ_i = 50 % ; p_i = 1 170 Pa

Außenklima

ϑ_{La} = -10,0 °C; p_{sa} = 260 Pa

φ_a = 80 % ; p_a = 208 Pa

Kenndaten

$1/\Lambda$ = 1,251 m²K/W

$1/k$ = 1,421 m²K/W

k = 0,704 W/(m²K)

q = 21,113 W/m²

Untersuchung des Feuchteschutzes
Zusammenstellung der Rechengrößen für das Diffusionsdiagramm

Objekt: TSS 66.2

Bauteil: Außenwand W 2

Blatt: 1 Dat.: 10.6.84 Z.: W

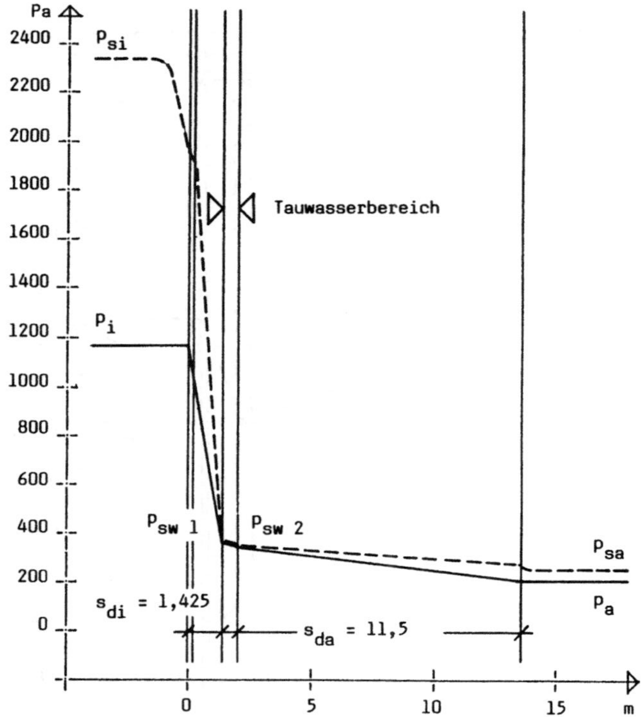

Berechnung der Tauwassermenge W_T:

$$i_i = \frac{p_i - p_{sw\,1}}{1/\Delta_i} = \frac{1170 - 365}{1,5 \cdot 10^6 \cdot 1,425}$$

$$i_i = 0,000\,337 \text{ kg/(m}^2\text{.h)}$$

$$i_a = \frac{p_{sw\,2} - p_a}{1/\Delta_a} = \frac{350 - 208}{1,5 \cdot 10^6 \cdot 11,5}$$

$$i_a = 0,000\,008 \text{ kg/(m}^2\text{.h)}$$

$$W_T = (i_i - i_a) \cdot t_T$$

$$= 0,000\,369 \cdot 1440$$

$$= 0,531 \text{ kg/m}^2 < W_{T\,zul} = 1,0 \text{ kg/m}^2$$

Untersuchung des Feuchteschutzes
Diffusionsdiagramm und Berechnung der diffundierenden Wassermengen

Objekt: TSS 66.2

Bauteil: Außenwand W 2

Blatt: 2 Dat.: 10.6.84 Z.: W

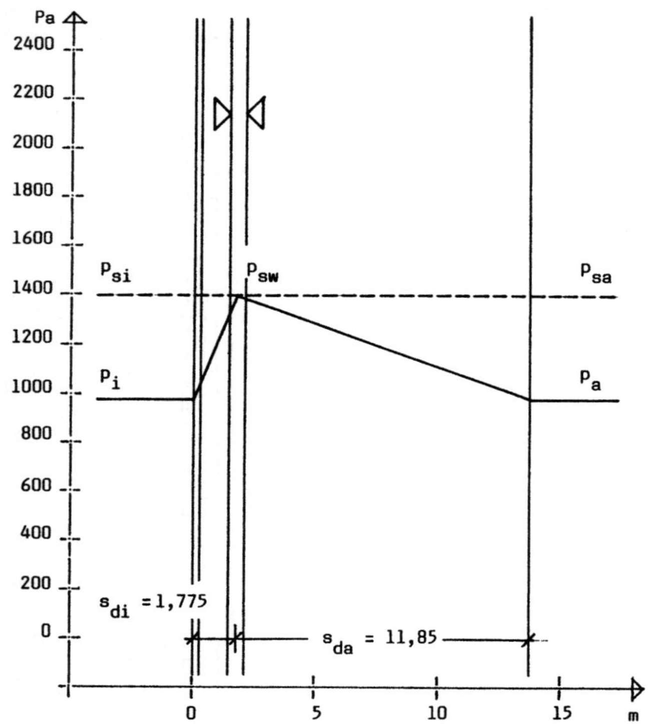

Berechnung der Verdunstungsmenge W_V:

$$i_i = \frac{p_{sw} - p_i}{1/\Delta_i} = \frac{1403 - 982}{1,5 \cdot 10^6 \cdot 1,775}$$

$$i_i = 0,000\,158 \text{ kg/(m}^2\text{.h)}$$

$$i_a = \frac{p_{sw} - p_a}{1/\Delta_a} = \frac{1403 - 982}{1,5 \cdot 10^6 \cdot 11,85}$$

$$i_a = 0,000\,024 \text{ kg/(m}^2\text{.h)}$$

$$W_V = (i_i + i_a) \cdot t_V$$
$$= 0,000\,182 \cdot 2160$$
$$= 0,393 \text{ kg/m}^2 < W_T = 0,531 \text{ kg/m}^2$$

Untersuchung des Feuchteschutzes
Diffusionsdiagramm und Berechnung der diffundierenden Wassermengen

Objekt: TSS 66.2

Bauteil: Außenwand W 2

Blatt: 3 Dat.: 10.6.84 Z.: W

Schicht	Baustoff	s	μ	s_d	$\sum s_d$	λ_R	$\frac{1}{\alpha};\frac{s}{\lambda_R}$	$\sum \frac{1}{\Lambda}$	$\Delta\vartheta$	ϑ_f	p_s	p	Bem.
		m	—	m	m	$\frac{W}{m \cdot K}$	$\frac{m^2K}{W}$	$\frac{m^2K}{W}$	K	°C	Pa	Pa	
1	2	3	4	5	6	7	8	9	10	11	12	13	14
	Luft innen									20,00	2 340	1 170	
	Wärmeübergang					$1/\alpha_i$ =0,13		0,13	1,02				
1	Kalkmörtel	0,015	15	0,225	0,225	0,87	0,017	0,147	0,13	18,98	2 197	1 170	
2	G 2(G 25) 0,5	0,24	5	1,2	1,425	0,22	1,091	1,238	8,52	18,85	2 185	1 166	
3	Kalkzementmörtel	0,02	35	0,7	2,125	0,87	0,023	1,261	0,18	10,33	1 254	1 143	ϑ_{wm}, p_{swm}, p_{wm}
4	Vollklinker 2,0	0,115	100	11,5	13,625	0,96	0,120	1,381	0,94	10,15	1 245	1 130	
										9,21	1 163	912	
	Wärmeübergang					$1/\alpha_a$ =0,04		1,421	0,31				
	Luft außen									8,9	1 140	912	

Innenklima

ϑ_{Li} = 20,0 °C; P_{si} = 2 340 Pa

φ_i = 50 % ; P_i = 1 170 Pa

Außenklima

ϑ_{Lam} = 8,9 °C; P_{sam} = 1 140 Pa

φ_a = 80 % ; P_{am} = 912 Pa

Kenndaten

$1/\Lambda$ = 1,251 m²K/W

$1/k$ = 1,421 m²K/W

k = 0,704 W/(m²K)

q = 7,811 W/m²

Untersuchung des Feuchteschutzes
Zusammenstellung der Rechengrößen für das Diffusionsdiagramm

Objekt: TSS 66.2, Bremen

Bauteil: Außenwand W 2

Blatt: 4 Dat.: 3.7.84 Z.: W

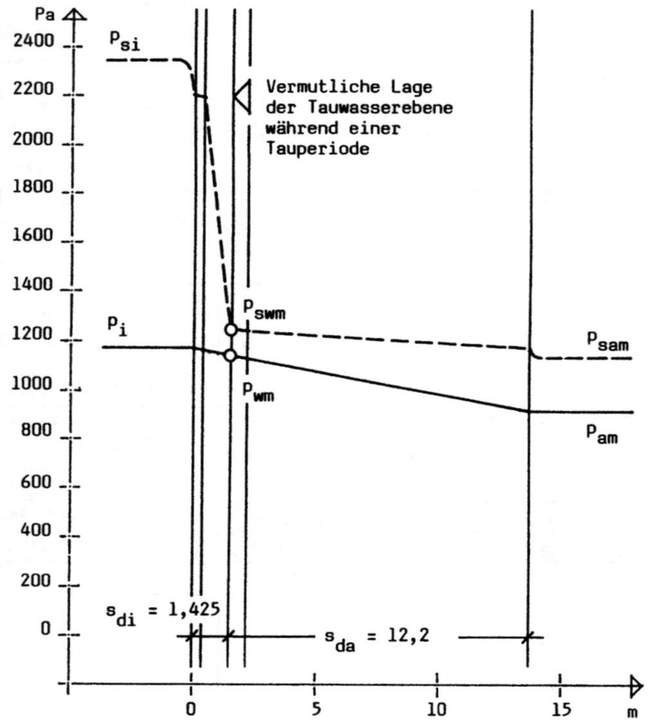

Wasserdampfteidrucklinie und Wasserdampfsättigungsdruckkurve berühren einander nicht:

Kein Tauwasserausfall.

Auch bei tieferen Außentemperaturen wird die Verdunstungsmenge größer sein als die Tauwassermenge.

Untersuchung des Feuchteschutzes
Diffusionsdiagramm und Berechnung der diffundierenden Wassermengen

Objekt: TSS 66.2, Bremen

Bauteil: Außenwand W 2

Blatt: 5 Dat.: 3.7.84 Z.: W

Grundgleichungen

$$p_{sax} = p_{sam} - \frac{p_{swm} - p_{wm}}{(R \cdot L) - S \frac{\varphi_a}{100}}$$

$$a_2/a_3 = 31{,}3 - 1{,}715\ \vartheta_{wm}$$

$$\Delta\vartheta_{La} = \vartheta_{Lam} - \vartheta_{Lax}$$

$$L = 1 + \left\{ \frac{[2(\vartheta_{Li} - \vartheta_{Lam}) + \Delta\vartheta_{La}]}{(a_2/a_3 + 2\vartheta_{Lam} - \Delta\vartheta_{La}} \cdot (1-R) \right\}$$

Rechengrößen

$$R = \frac{1/\alpha_i + 1/\Lambda_i}{1/\Lambda} = \frac{1{,}238}{1{,}421} = 0{,}871; \qquad 1 - R = 0{,}129;$$

$$S = \frac{s_{di}}{\sum s_d} = \frac{1{,}425}{13{,}625} = 0{,}105; \qquad S \cdot \frac{\varphi_a}{100} = 0{,}084;$$

ϑ_{wm} = 10,33 °C; p_{swm} = 1254 Pa; p_{wm} = 1143 Pa;

a_2/a_3 = 31,3 - (1,715 · 10,33) = 13,58;

1. Schritt: Annahme $\Delta\vartheta_{La} = 0$

$$L = 1 + \left\{ \frac{2(20{,}0 - 8{,}9) + 0}{13{,}58 + 17{,}8 - 0} \cdot 0{,}129 \right\} = 1{,}09$$

R . L = 0,871 . 1,09 = 0,950

$$p_{sax} = 1140 - \frac{1254 - 1143}{0{,}950 - 0{,}084} = 1011 \text{ Pa}$$

ϑ^*_{Lax} = 7,1 °C

Untersuchung des Feuchteschutzes
Modifiziertes Rechenverfahren
Grundgleichungen und Rechengrößen
zur Bestimmung von ϑ^*_{Lax}

Objekt: TSS 66.2, Bremen

Bauteil: Außenwand W 2

Blatt: 6 Dat.: 3.7.84 Z.: W

2. Schritt: $\Delta\vartheta_{La}$ = 8,9 - 7,1 = 1,8 K

$$L = 1 + \left[\frac{2(20,0 - 8,9) + 1,8}{13,58 + 17,8 - 1,8} \cdot 0,129\right] = 1,10$$

$$R \,.\, L = 0,871 \,.\, 1,10 = 0,962$$

$$p_{sax} = 1140 - \frac{1254 - 1143}{0,962 - 0,084} = 1014 \text{ Pa}$$

ϑ_{Lax} = 7,2 °C → ϑ_{Lak} = 2,7 °C; t_T = 4003 h;

Klimadaten für die Berechnung der Tauwassermenge:

ϑ_{Li} = 20,0 °C; φ_i = 50 %; p_{si} = 2340 Pa; p_i = 1170 Pa;

ϑ_{Lak} = 2,7 °C; φ_a = 80 %; P_{sak} = 743 Pa; p_{ak} = 594 Pa;

$\vartheta_{wk} = \vartheta_{Li} - R\,(\vartheta_{Li} - \vartheta_{Lak}) = 20,0 - 0,871\,(20,0 - 2,7) = 4,93$ °C;

p_{swk} = 866 Pa;

Berechnung der Tauwassermenge:

$1/\Delta_i = 1,5 \cdot 10^6 \cdot s_{di} = 1,5 \cdot 10^6 \cdot 1,425 = 2,1375 \,.10^6$ m².h.Pa/kg

$1/\Delta_a = 1,5 \cdot 10^6 \cdot s_{da} = 1,5 \cdot 10^6 \cdot 12,2 = 18,3 \,.10^6$ m².h.Pa/kg

$$W_T = t_T \left[\frac{p_i - p_{swk}}{1/\Delta_i} - \frac{p_{swk} - p_{ak}}{1/\Delta_a}\right] \cdot 10^{-6} \quad [\text{kg/m}^2]$$

$$W_T = 4003 \left[\frac{1170 - 866}{2,137} - \frac{866 - 594}{18,3}\right] \cdot 10^{-6} = 0,510 \text{ kg/m}^2$$

Untersuchung des Feuchteschutzes Modifiziertes Rechenverfahren Ermittlung von ϑ_{Lax}, ϑ_{Lak} und t_{ak}	Objekt: TSS 66.2, Bremen Bauteil: Außenwand W 2
Berechnung der Tauwassermenge	Blatt: 7 Dat.: 3.7.84 Z.: W

Schicht	Baustoff	s	μ	s_d	$\sum s_d$	λ_R	$\frac{1}{\alpha};\frac{s}{\lambda_R}$	$\sum \frac{1}{\Lambda}$	$\Delta\vartheta$	ϑ_f	p_s	p	Bem.
		m	—	m	m	$\frac{W}{m \cdot K}$	$\frac{m^2K}{W}$	$\frac{m^2K}{W}$	K	°C	Pa	Pa	
1	2	3	4	5	6	7	8	9	10	11	12	13	14
	Luft innen									20,00	2 340	1 170	
	Wärmeübergang					$1/\alpha_i$ =			1,58	18,42	2 119		
1	Kalkmörtel	Die Werte der Spalten 3 bis 9 sind bereits in Blatt 4 ermittelt worden, sie können bei Bedarf dort entnommen werden.							0,21	18,21	2 091		
2	G 2(G 25) 0,5								13,28	4,93	866	866	p_{sw}
3	Kalkzementmörtel								0,28	4,65	854		
4	Vollklinker 2,0								1,46	3,19	770		
	Wärmeübergang					$1/\alpha_a$ =			0,49				
	Luft außen									2,70	743	594	

Innenklima

ϑ_{Li} = 20,0 °C; P_{si} = 2 340 Pa

φ_i = 50 % ; P_i = 1 170 Pa

Außenklima

ϑ_{Lak} = 2,7 °C; P_{sak} = 743 Pa

φ_{ak} = 80 % ; P_{ak} = 594 Pa

Kenndaten

$1/\Lambda$ = m²K/W

$1/k$ = m²K/W

k = W/(m²K)

q = 12,175 W/m²

Untersuchung des Feuchteschutzes
Zusammenstellung der Rechengrößen für das Diffusionsdiagramm

Objekt: TSS 66.2, Bremen

Bauteil: Außenwand W 2

Blatt: 8 Dat.: 3.7.84 Z.: W

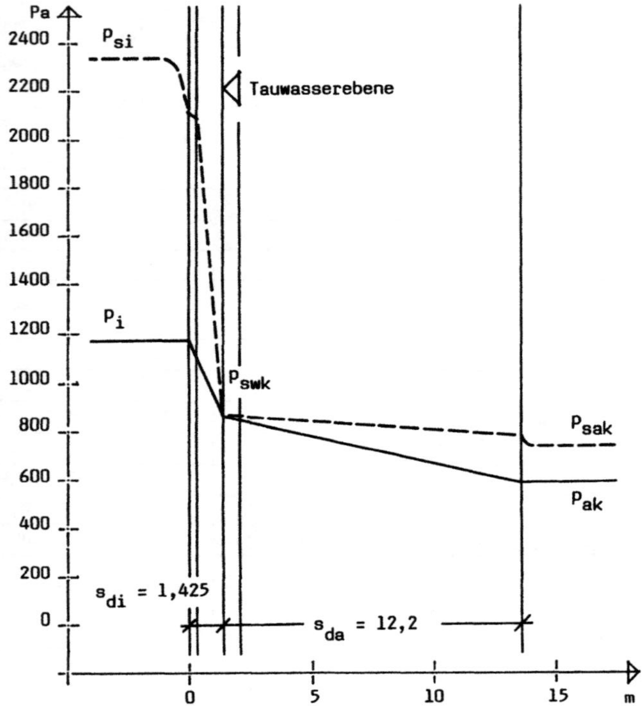

Berechnung der Tauwassermenge W_T

$$i_i = \frac{p_i - p_{swk}}{1/\Delta_i} = \frac{1170 - 866}{1{,}5 \cdot 10^6 \cdot 1{,}425}$$

$$i_i = 142{,}222 \cdot 10^{-6} \quad kg/(m^2.h)$$

$$i_a = \frac{p_{swk} - p_a}{1/\Delta_a} = \frac{866 - 594}{1{,}5 \cdot 10^6 \cdot 12{,}2}$$

$$i_a = 14{,}86 \cdot 10^{-6} \quad kg/(m^2.h)$$

$$W_T = (i_i - i_a) \cdot t_T$$
$$= 127{,}362 \cdot 4003 \cdot 10^{-6}$$
$$= 0{,}510 \; kg/m^2$$

Untersuchung des Feuchteschutzes
Diffusionsdiagramm und Berechnung der diffundierenden Wassermengen

Objekt: TSS 66.2, Bremen

Bauteil: Außenwand W 2

Blatt: 9 Dat.: 3.7.84 Z.: W

M. 1:10

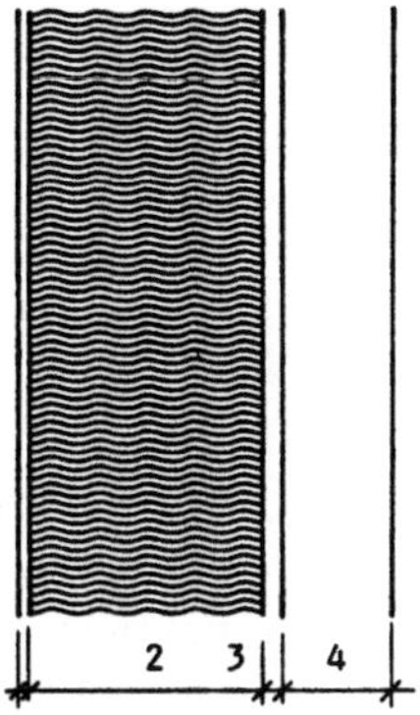

Schicht 1

Tauwassermenge W_T = 0,510 kg/m²

Verteilung: gleichmäßig auf die Schicht 3, Gasbeton-Blocksteine, angenommen

Materialdaten der Stoffschicht:

s = 0,24 m

λ_R = 0,22 W/(m K)

Z = 0,267

$u_{v\ DIN\ 4108}$ = 3,5 %

$u_{m\ DIN\ 4108}$ = ---

$z_f = Z : u_v$ = 0.076

ρ = 500 kg/m³

Volumen/Masse

W_T	= 0,000 510 m³	=	0,510	kg
$V_{Stoffschicht}$	= 0,24 m · 1,0 m · 1,0 m	=	0,240	m³
$M_{Stoffschicht}$	= 0,24 m · 1,0 m² · 500 kg/m³	=	120	kg

$$\lambda_{10,tr.} = \frac{\lambda_R}{1 + Z} = \frac{0,22}{1,267} = 0,174 \quad W/(m \cdot K)$$

$$u_{v\ bzw.\ m} = \frac{W_T}{V\ bzw.\ M} \cdot 100\ [\%]; \qquad u_v = \frac{0,000\ 510}{0,240} \cdot 100 = 0,21\ \%$$

$$\lambda_f = \lambda_{10,tr.}\ [1 + Z + (u_m \cdot z_f)] = 0,174\ [1 + 0,276 + (0,21 \cdot 0,076)]$$
$$= 0,223\ W/(m\ K)$$

$1/\Lambda_{Ende\ Tauperiode}$

Schicht	Stoff	s	λ_R	s/λ_R

auf eine Berechnung wird angesichts der nur geringfügigen Veränderung der rechnerischen Wärmeleitfähigkeit verzichtet

Untersuchung des Feuchteschutzes
Auswirkung der Tauwassermenge
auf den Wärmeschutz
Bestimmung von $1/\Lambda_{Ende\ Tauperiode}$

Objekt: TSS 66.2

Bauteil: Außenwand W 2

Blatt: 10 Dat.: 10.6.84 Z: W

Checkliste zum Berechnungsbeispiel W 2
Zweischalige Wand mit Schalenfuge
Wohngebäude, Standort Bremen

A. Rechenverfahren nach DIN 4108

Die Berechnung wurde auf Blatt 1, 2 und 3 entsprechend der Checkliste zum Beispiel W 1 durchgeführt.

Das Diffusionsdiagramm für die Tauperiode weist an Stelle einer Tauwasserebene einen Tauwasserbereich in der Schicht 3, der Schalenfuge aus. In der Verdunstungsperiode wurde deshalb der jeweils längere Diffusionsweg aus der Mitte dieser Schicht nach innen und außen angenommen.

B. Modifiziertes Rechenverfahren nach R. Jenisch

1. Zusammenstellung der Rechengrößen für das Diffusionsdiagramm unter Verwendung der Jahresmitteltemperatur der Außenluft am Gebäudestandort ϑ_{Lam}

1.01 Bestimmung der Klimadaten, hier, für den Inneraum entsprechend der Nutzug des Gebäudes

ϑ_{Li} = 20,0 °C; φ_i = 50 %; p_s = 2340 Pa; p_i = 1170 Pa;

für den Außenraum nach Tafel VI am Gebäudestandort Bremen

ϑ_{Lam} = 8,9 °C; als relative Luftfeuchte wird man nach S. 37 φ_a = 80 % annehmen; p_{sam} = 1140 Pa (Tafel VIII); p_{am} = 912 Pa

1.02 Eintragung des Wandaufbaues
der Stoffdicken
der Wasserdampf-Diffusionswiderstandszahlen μ nach Tafel I

in die Spalten 1,2,3 und 4. Die Lage der Tauwasserebene ist in der Trennfläche zwischen der Schicht 2 und der Schicht 3 anzunehmen. Für die Schichten 1 und 2 ist deshalb der kleinere, für die Schichten 3 und 4 der größere μ-Wert zu wählen:

1 Kalkmörtelputz		s = 0,015 m,	μ = 15
2 Gasbeton-Blocksteine G 2 nach DIN 4165	0,5	= 0,24	= 5
3 Kalkzementmörtel		= 0,02	= 35
4 Vollklinker	2,0	= 0,115	= 100

1.03 Berechnung der äquivalenten Luftschichtdicken der einzelnen Stoffschichten $s_d = s \cdot \mu$ und deren Eintragung in Spalte 5. Die fortlaufende Summierung dieser Werte in Spalte 6 erleichtert die Herstellung des Diagramms sowie die Ermittlung der Größen s_{di}, s_{da} und S.

$s_{d\,1}$ = 0,015 • 15 = 0,225	Σs_d =	0,225 m
$s_{d\,2}$ = 0,24 • 5 = 1,2	=	1,425
$s_{d\,3}$ = 0,02 • 35 = 0,7	=	2,125
$s_{d\,4}$ = 0,115 • 100 = 11,5	=	13,625

1.04 Eintragung der rechnerischen Wärmeleitzahlen λ_R der einzelnen Schichten aus Tafel I in Spalte 7, Berechnung der Teilwärmedurchlaßwiderstände s/λ_R und Eintragung in Spalte 8, Ergänzung durch die Wärmeübergangswiderstände $1/\alpha_i$ und $1/\alpha_a$ aus Tafel III.

$1/\alpha_i$ = 0,13	$\Sigma 1/\Lambda$ =	0,13 m²•K/W
s_1/λ_{R1} = 0,015 : 0,87 = ,017	=	0,147
s_2/λ_{R2} = 0,24 : 0,22 = 1,091	=	1,238
s_3/λ_{R3} = 0,02 : 0,87 = 0,023	=	1,261
s_4/λ_{R4} = 0,115 : 0,96 = 0,120	=	1,381
$1/\alpha_a$ = 0,04	=	1,421

Die fortlaufende Summierung der Einzelwerte in Spalte 9 kann die Ermittlung der Kennwerte und der Hilfsgröße R erleichtern.

1.05 Zusammenstellung der Kennwerte

$1/\Lambda = \Sigma\ s/\lambda_R = 1{,}251$ m²•K/W

$1/k = 1/\alpha_i + 1/\Lambda + 1/\alpha_a = 1{,}421\ m^2 \cdot K/W$
$k = 0{,}704\ W/(m^2 \cdot K)$
$q = k\ (\vartheta_{Li} - \vartheta_{Lam}) = 7{,}811\ W/m^2$

1.06 Berechnung der Temperatursprünge $\Delta\vartheta$ in den einzelnen Schichten nach (19) bis (23) und deren Eintragung in Spalte 10.

$\Delta\vartheta = q \cdot s/\lambda_R$ bzw. $1/\alpha$; im Bereich

des Wärmeüberganges innen:	7,811 • 0,13 =	1,02 K
der Schicht 1	7,811 • 0,017 =	0,13
2	7,811 • 1,091 =	8,52
3	7,811 • 0,023 =	0,18
4	7,811 • 0,120 =	0,94
des Wärmeübergangs außen	7,811 • 0,04 =	0,31

1.07 Ermittlung der Trennflächentemperaturen ϑ_f durch Subtraktion der $\Delta\vartheta$-Werte von der Ausgangstemperatur, der Innentemperatur ϑ_{Li}, und deren Eintragung in Spalte 11.

$\vartheta_{Li} - \Delta\vartheta_{Wärmeübergang}$ = Wandoberflächentemperatur ϑ_{Oi}
20,00 - 1,02 = 18,98 °C

$\vartheta_{Oi} - \Delta\vartheta_{Schicht\ 1}$ = Trennflächentemperatur $\vartheta_{f\ 1/2}$
18,98 - 0,13 = 18,85 °C

$\vartheta_f - \Delta\vartheta_{Schicht\ 2}$ = Trennflächentemperatur $\vartheta_{f\ 2/3}$
18,85 - 8,52 = 10,33 °C

$\vartheta_f - \Delta\vartheta_{Schicht\ 3}$ = Trennflächentemperatur $\vartheta_{f\ 3/4}$
10,33 - 0,18 = 10,15 °C

$\vartheta_f - \Delta\vartheta_{Schicht\ 4}$ = Wandoberflächentemperatur ϑ_{Oa}
10,15 - 0,94 = 9,21 °C

$\vartheta_{Oa} - \Delta\vartheta_{Wärmeübergang}$ = Außentemperatur ϑ_{Lam}
9,21 - 0,31 = 8,9 °C

1.08 Bestimmung der Sättigungsdampfdrücke p_s, die zu den jeweiligen Trennflächentemperaturen ϑ_f gehören, nach Tafel VIII, und deren Eintragung in Spalte 12. Hierbei ist ein Interpolieren unnötig.

ϑ_{Li}	= 20,00 °C;	→	p_s	=	2340 Pa
ϑ_{Oi}	= 18,98 ;	→		=	2197
$\vartheta_{f\ 1/2}$	= 18,85 ;	→		=	2185
$\vartheta_{f\ 2/3}$	= 10,33 ;	→		=	1254
$\vartheta_{f\ 3/4}$	= 10,15 ;	→		=	1245
ϑ_{Oa}	= 9,21 ;	→		=	1163
ϑ_{Lam}	= 8,9 ;	→		=	1140

1.09 Berechnung der in den Trennflächen zwischen den einzelnen Schichten vorhandenen Partialdrücke nach (15) bis (18) und deren Eintragung in Spalte 13. Verwendet man dabei an Stelle von Δ die Größe s_d, so wird der Dampfdruckabfall in der Schicht n

$$p_n = \frac{p_i - p_a}{\sum s_d} \cdot s_{dn}; \quad \frac{p_i - p_a}{\sum s_d} = \frac{1170 - 912}{13,625} = 18,936\ \frac{Pa}{m}$$

Subtrahiert man gleichzeitig die gefundenen Werte von p_i, so erhält man

				p_i = 1170 Pa
$-\Delta p_{Schicht\ 1}$	= 18,936	· 0,225	= 4,3	= 1166
$-\Delta p_{Schicht\ 2}$	= 18,936	· 1,2	= 22,7	= 1143
$-\Delta p_{Schicht\ 3}$	= 18,936	· 0,7	= 12,25	= 1130
$-\Delta p_{Schicht\ 4}$	= 18,936	· 11,5	= 217,8	p_{am} = 912

2. Diffusionsdiagramm für die Jahresmitteltemperatur der Außenluft am Gebäudestandort

2.01 Anlage einer Abzisse mit der Eintragung eines geeigneten Maßstabes für die äquivalenten Luftschichtdicken, hier z.B. 10 mm ≙ 2 m.

2.02 Abtragen der äquivalenten Luftschichtdicken der einzelnen Schichten, hier von der Innenoberfläche der Wand nach rechts.

2.03 Anlage einer Ordinate mit der Eintragung eines geeigneten p-Maßstabes, hier z.B. 10 mm ≙ 200 Pa.

2.04 Eintragung der für die einzelnen Trennflächen ermittelten Sättigungsdampfdrücke p_s aus der Spalte 12 der Zusammenstellung auf Blatt 4. Die Verbindung der gefundenen Punkte ergibt die Sättigungsdruckkurve, den Wasserdampfsättigungsdruckverlauf innerhalb des Bauteils.

2.05 Eintragung der Partialdrücke innen und außen, p_i und p_{am}, auf den Wandoberflächen. Eine Verbindung der beiden Punkte liefert den Partialdruckverlauf.

Wasserdampfteildruck und Wasserdampfsättigungsdruck berühren einander nicht. Es gibt keinen Tauwasserausfall unter diesen Klimabedingungen.

Bei tieferen Außentemperaturen ist Tauwasser in der Trennfläche zwischen den Schichten 2 und 3 zu erwarten, jedoch auch dann wird die Verdunstungsmenge im Verlauf eines Jahres größer sein als die Tauwassermenge.

3. Zusammenstellung der Rechengrößen zur Bestimmung von ϑ_{Lax}

In Blatt 6 werden zunächst die benötigten Grundgleichungen (44) bis (49) zusammengestellt, danach die Rechengrößen ermittelt, deren Einzelwerte aus den entsprechenden Spalten des Blattes 4 entnommen werden können.

3.01 Bestimmung der Hilfsgrößen R und S (Spalte 9 und 6):

$$R = \frac{1/\alpha_i + 1/\Lambda_i}{1/\Lambda} = \frac{1,238}{1,421} = 0,871; \qquad 1 - R = 0,129;$$

$$S = \frac{s_{di}}{s_d} = \frac{1,425}{13,625} = 0,105 \qquad S \cdot \frac{\varphi_a}{100} = 0,084;$$

3.02 Bestimmung der in der Tauwasserebene vorhandenen Größen:

ϑ_{wm} → Spalte 11 → 10,33 °C
p_{swm} → 12 → 1254 Pa
p_{wm} → 13 → 1143 Pa

3.03 Berechnung des temperaturabhängigen Zahlenwertes a_2/a_3:

$$a_2/a_3 = 31{,}3 - (1{,}715 \cdot \vartheta_{wm})$$
$$= 31{,}3 - (1{,}715 \cdot 10{,}33 = 13{,}58$$

4. Berechnung von ϑ_{Lax}, Bestimmung von ϑ_{Lak} und t_T

Die für die Berechnung benötigte Größe $\Delta\vartheta_{La} = \vartheta_{Lam} - \vartheta_{Lax}$ ist zunächst unbekannt. Deshalb wird in einem ersten Schritt $\Delta\vartheta_{La} = 0$ angenommen und ϑ_{Lax} näherungsweise bestimmt.

4.01 Näherungsweise Bestimmung von p_{sax} und ϑ_{Lax}

1.Schritt: Annahme $\Delta\vartheta_{La} = 0$

$$L = 1 + \left\{\frac{[2(\vartheta_{Li}-\vartheta_{Lam})+\Delta\vartheta_{La}]}{(a_2/a_3+2\vartheta_{Lam}-\Delta\vartheta_{La})} \cdot (1-R)\right\}$$

$$= 1 + \left\{\frac{2(20{,}0 - 8{,}9) + 0}{13{,}58 + 17{,}8 - 0} \cdot 0{,}129\right\} = 1{,}09$$

$$R \cdot L = 0{,}871 \cdot 1{,}09 = 0{,}950$$

$$p^*_{sax} = p_{sam} - \frac{p_{swm} - p_{wm}}{(R \cdot L) - S\frac{\varphi_a}{100}}$$

$$= 1140 - \frac{1254 - 1143}{0{,}950 - 0{,}084} = 1011 \text{ Pa},$$

nach Tafel VIII→ $\vartheta^*_{Lax} = 7{,}1$ °C

Mit dem gefundenen Näherungswert wird die Berechnung wiederholt und $\Delta\vartheta_{Lax}$ genauer und abschließend bestimmt.

4.02 Berechnung von p_{sax} und Bestimmung von ϑ_{Lax}:

2. Schritt: $\Delta\vartheta_{La} = 8{,}9 - 7{,}1 = 1{,}8$ K

$$L = 1 + \left[\frac{2(20{,}0 - 8{,}9 + 1{,}8)}{13{,}58 + 17{,}8 - 1{,}8} \cdot 0{,}129\right] = 1{,}10$$

$$R \cdot L = 0{,}871 \cdot 1{,}10 = 0{,}962$$

$$p'_{sax} = 1140 - \frac{1254 - 1143}{0{,}962 - 0{,}084} = 1014 \text{ Pa,}$$

nach Tafel VIII → $\vartheta_{Lax} = 7{,}2$ °C

Der Unterschied zwischen dem Näherungswert und dem korrigierten Wert ist so gering, daß die Berechnung hier abgebrochen werden kann.

4.03 Bestimmung von ϑ_{Lak} und t_T

ϑ_{Lax} ist jene Temperatur der Außenluft am Gebäudestandort, bei der die Tauwasserbildung im Bauteil beginnt.

Der Tafel VII ist zu entnehmen, daß diese Temperatur als Tagesmittelwert in einer Dauer von

t_T = 4003 Stunden

unterschritten wird, und daß während dieses Zeitraumes ein Mittelwert der Außentemperatur von

ϑ_{Lak} = 2,7 °C

angenommen werden kann.

5. Berechnung der Tauwassermenge W_T

Will man die Berechnung der diffundierenden Wassermengen durch ein Diffusionsdiagramm verdeutlichen, so wird man, wie in Blatt 8 durchgeführt, zusammen mit den bereits in Blatt 1 und Blatt 4 ermittelten und von dort übertragenen Werten, über eine neue Wärmestromdichte q den neuen Temperaturverlauf errechnen und ihm die neuen Sättigungsdampfdrücke zuordnen. Das daraus zu entwickelnde Diagramm und die Errechnung der Tauwassermenge ist auf Blatt 9 zu finden. Sie bedürfen keiner weiteren Erläuterung.

Einfacher ist es, den einzigen für die Berechnung noch fehlenden Wert, den Sättigungsdampfdruck in der Tauwasserebene p_{swk} über die dort vorhandene Temperatur ϑ_{wk} zu ermitteln und den Rechnungsgang in der nachfolgenden Weise zu straffen.

5.01 Zusammenstellung der Klimadaten

$\vartheta_{Li} = 20{,}0\ °C;\qquad p_{si} = 2340\ Pa;$

$\varphi_i = 50\ \%;\qquad p_i = 1170\ Pa;$

$\vartheta_{Lak} = 2{,}7\ °C;\qquad p_{sak} = 770\ Pa;$

$\varphi_a = 80\ \%;\qquad p_{ak} = 594\ Pa;$

$$\vartheta_{wk} = \vartheta_{Li} - R\,(\vartheta_{Li} - \vartheta_{Lak})$$

$$= 20{,}0 - 0{,}871\,(20{,}0 - 2{,}7) = 4{,}93\ °C$$

nach Tafel VIII → $p_{swk} = 866\ Pa$

5.02 Berechnung der Wasserdampf-Diffusionsdurchlaßwiderstände

$$1/\Delta_i = 1{,}5 \cdot 10^6 \cdot s_{di} = 1{,}5 \cdot 10^6 \cdot 1{,}425$$

$$= 2{,}1375 \cdot 10^6\ \ m^2 \cdot h \cdot Pa/kg$$

$$1/\Delta_a = 1{,}5 \cdot 10^6 \cdot s_{da} = 1{,}5 \cdot 10^6 \cdot 12{,}2$$

$$= 18{,}3 \cdot 10^6\ \ m^2 \cdot h \cdot Pa/kg$$

5.03 Berechnung der Tauwassermenge W_T

$$W_T = t_T \left(\frac{p_i - p_{swk}}{1/\Delta_i} - \frac{p_{swk} - p_{ak}}{1/\Delta_a}\right) \cdot 10^{-6}$$

$$W_T = 4003 \left(\frac{1170 - 866}{2{,}1375} - \frac{866 - 594}{18{,}3}\right) \cdot 10^{-6} = 0{,}510\ kg/m^2$$

W_T ist kleiner als 1,0 kg/m², die Verdunstungsmenge W_V wird größer sein als W_T. Das Ergebnis des Regelverfahrens mit seinen schematisierten Bedingungen wird durch das modifizierte Rechenverfahren korrigiert. Die DIN 4108 verzichtet somit zu Recht bei Wandkonstruktionen dieser Art auf einen rechnerischen Nachweis. Besorgnis über eine mögliche Verschlechterung des Wärmeschutzes kann durch die Schritte des Abschnitts 6 schnell entkräftet werden.

6. Abschätzung des am Ende der Tauperiode vorhandenen Wärmedurchlaßwiderstandes

6.01 Entscheidung, welche Feuchtigkeitsverteilung im Bauteil angenommen werden soll. Die Tauwasserebene liegt in der Trennfläche zwischen der Schicht 2, Gasbetonblocksteine, und der Schicht 3, Kalkzementmörtel. Es wird der ungünstigere Fall, die Verteilung des Tauwassers auf die Schicht 2, angenommen.

6.02 Zusammenstellung der benötigten Materialdaten der durchfeuchteten Stoffschicht. Bereits bekannt sind

$s = 0{,}24$ m; $\lambda_R = 0{,}22$ W/(m·K); $\rho = 500$ kg/m³;

aus Tafel X können u_v, Z und z_f gewonnen werden:

$u_{v\ DIN\ 4108} = 3{,}5$ %;

für $\lambda_R = 0{,}18$ W/(m·K) ist $Z = 0{,}30$ und
für $\lambda_R = 0{,}24$ $Z = 0{,}25$;

durch Interpolieren

$$\frac{0{,}30 - Z}{0{,}18 - 0{,}22} = \frac{0{,}30 - 0{,}25}{0{,}18 - 0{,}24} \quad \text{erhält man für } \lambda_R = 0{,}22$$

$$Z = 0{,}30 - \left(\frac{(0{,}30 - 0{,}25)\ (0{,}18 - 0{,}22)}{0{,}18 - 0{,}24}\right) = 0{,}267;$$

$$z_f = Z : u_{v\ DIN\ 4108} = 0{,}267 : 3{,}5 = 0{,}076.$$

Das Volumen der Stoffschicht ist
$V = 0{,}24$ m · 1,0 m² = 0,240 m³, das der Tauwasser-

menge W_T = 0,000 510 m³. Damit wird

$$u_{v\ \text{Ende Tauperiode infolge}\ W_T} = \frac{\text{Tauwassermenge } W_T}{\text{Volumen der Stoffschicht}} \cdot 100$$

$$= \frac{0{,}000\ 510}{0{,}240} \cdot 100 = 0{,}21\ \%$$

Dieser auf die Tauwassermenge bezogene Feuchtegehalt ist nur ein Bruchteil des nach DIN 4108 ohnehin vorauszusetzenden praktischen Feuchtegehaltes, der zudem bei der Bestimmung von λ_R bereits berücksichtigt wurde. Die Berechnung kann an dieser Stelle abgebrochen werden. Die Veränderung der Wärmeleitfähigkeit wird unerheblich sein. Die beiden nachfolgenden Schritte werden diese Vermutung bestätigen:

6.03 Ermittlung der Wärmeleitfähigkeit $\lambda_{10,tr.}$ nach (49)

$$\lambda_{10,tr.} = \frac{\lambda_R}{1 + Z} = \frac{0{,}22}{1 + 0{,}267} = 0{,}174\ W/(m \cdot K)$$

6.04 Ermittlung der Wärmeleitfähigkeit λ_f nach (50)

$$\lambda_f = \lambda_{10,tr.} \left[1 + Z + (u_v \cdot z_f)\right]$$

$$= 0{,}174 \left[1 + 0{,}267 + (0{,}21 \cdot 0{,}076)\right]$$

$$= 0{,}223\ W/(m \cdot K)$$

3.3 Berechnungsbeispiel W 3

mehrschichtiges Außenwandelement

Elementaufbau

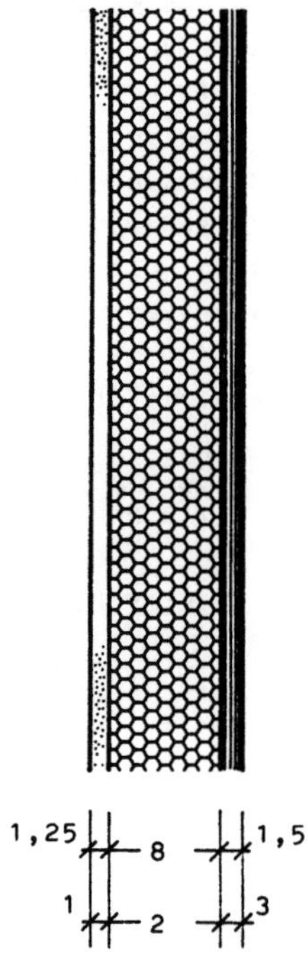

Schichtenfolge von innen nach außen

Schicht 1	1,25	cm	Gipskartonplatten nach DIN 18 180
2	8,0	cm	Mineralfaserplatten Typ W, nach DIN 18 165, A 2, Wärmeleitfähigkeitsgruppe 040
3	1,5	cm	Faserzementplatten

Schicht	Baustoff	s m	μ —	s_d m	$\sum s_d$ m	λ_R $\frac{W}{m \cdot K}$	$\frac{1}{\alpha};\frac{s}{\lambda_R}$ $\frac{m^2K}{W}$	$\sum \frac{1}{\Lambda}$ $\frac{m^2K}{W}$	$\Delta\vartheta$ K	ϑ_f °C	p_s Pa	p Pa	Bem.
1	2	3	4	5	6	7	8	9	10	11	12	13	14
	Luft innen									20,00	2 340	1 170	
	Wärmeübergang					$1/\alpha_i$ =0,13		0,13	1,73				
										18,27	2 105		
1	Gipskartonplatte	0,0125	8	0,1	0,1	0,21	0,060	0,19	0,80				
										17,47	2 001		
2	Mineralfaserplatte	0,08	1	0,08	0,18	0,040	2,0	2,19	26,60				
										-9,13	281	281	p_{sw}
3	Faserzementplatte	0,015	50	0,75	0,93	0,58	0,026	2,216	0,35				
										-9,48	272		
	Wärmeübergang					$1/\alpha_a$ =0,04		2,256	0.53				
	Luft außen									-10,00	260	208	

Innenklima

ϑ_{Li} = 20,0 °C; P_{si} = 2 340 Pa

φ_i = 50 % ; P_i = 1 170 Pa

Außenklima

ϑ_{La} = -10,0 °C; P_{sa} = 260 Pa

φ_a = 80 % ; P_a = 208 Pa

Kenndaten

$1/\Lambda$ = 2,086 m^2K/W

$1/k$ = 2,256 m^2K/W

k = 0,443 $W/(m^2K)$

q = 13,298 W/m^2

Untersuchung des Feuchteschutzes
Zusammenstellung der Rechengrößen für das Diffusionsdiagramm

Objekt: TSS 66.2

Bauteil: Außenwandelement W 3

Blatt: 1 Dat.: 12.8.84 Z.: W

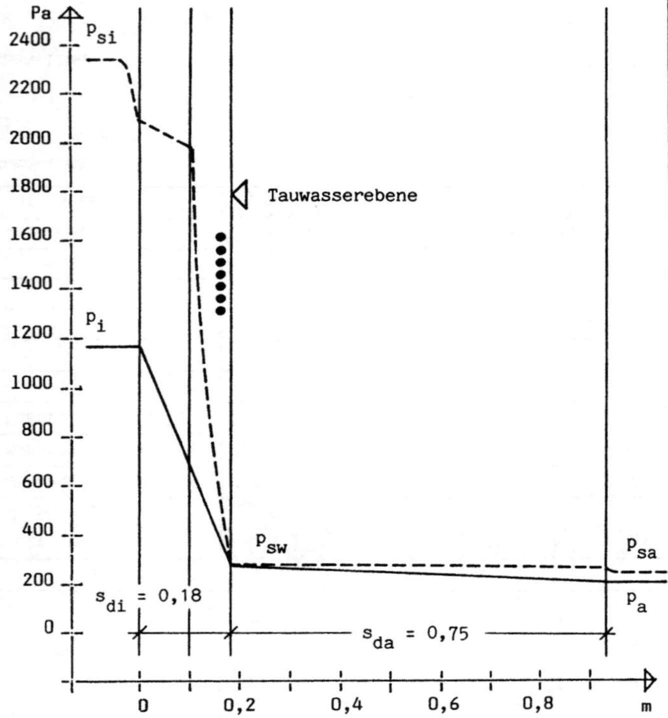

Berechnung der Tauwassermenge W_T:

$$i_i = \frac{p_i - p_{sw}}{1/\Delta_i} = \frac{1170 - 281}{1{,}5 \cdot 10^6 \cdot 0{,}18}$$

$$i_i = 3\,292{,}593 \cdot 10^{-6} \quad kg/(m^2\,h)$$

$$i_a = \frac{p_{sw} - p_a}{1/\Delta_a} = \frac{281 - 208}{1{,}5 \cdot 10^6 \cdot 0{,}75}$$

$$i_a = 64{,}889 \cdot 10^{-6} \quad kg/(m^2\,h)$$

$$W_T = (i_i - i_a) \cdot t_T$$

$$= 3\,227{,}704 \cdot 1440 \cdot 10^{-6}$$

$$= 4{,}648\ kg/m^2 > W_{T\ zul} = 0{,}5\ kg/m^2$$

Untersuchung des Feuchteschutzes
Diffusionsdiagramm und Berechnung der diffundierenden Wassermengen

Objekt: TSS 66.2

Bauteil: Außenwandelement W 3

Blatt: 2 Dat.: 12.8.84 Z.: W

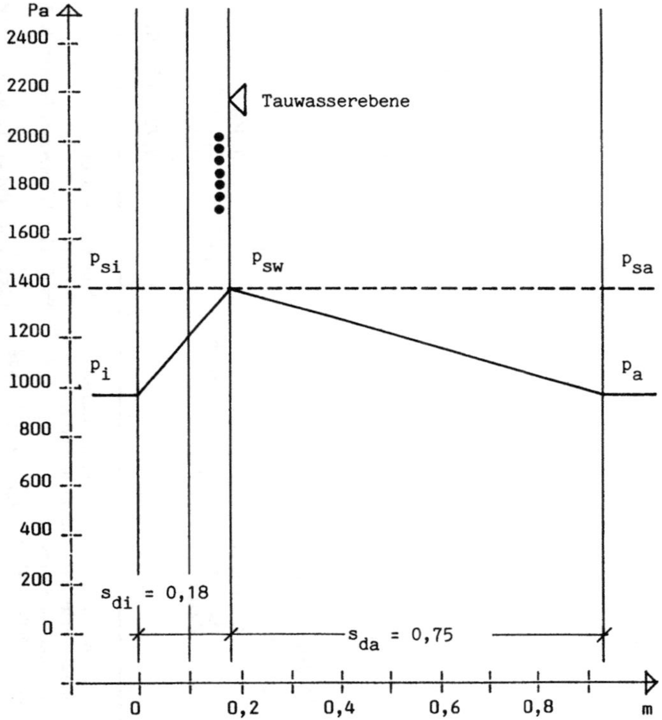

Berechnung der Verdunstungsmenge W_V:

$$i_i = \frac{p_{sw} - p_i}{1/\Delta_i} = \frac{1403 - 982}{1,5 \cdot 10^6 \cdot 0,18}$$

$$i_i = 1\,559,259 \cdot 10^{-6} \ \ kg/(m^2\ h)$$

$$i_a = \frac{p_{sw} - p_a}{1/\Delta_a} = \frac{1403 - 982}{1,5 \cdot 10^6 \cdot 0,75}$$

$$i_a = 374,222 \cdot 10^{-6} \ \ kg/(m^2\ h)$$

$$W_V = (i_i + i_a) \cdot t_V$$
$$= 1\,933,481 \cdot 2160 \cdot 10^{-6}$$
$$= 4,176\ kg/m^2 < W_T = 4,648\ kg/m^2$$

Untersuchung des Feuchteschutzes
Diffusionsdiagramm und Berechnung der diffundierenden Wassermengen

Objekt: TSS 66.2

Bauteil: Außenwandelement W 3

Blatt: 3 Dat.: 12.8.84 Z.: W

M. 1:10

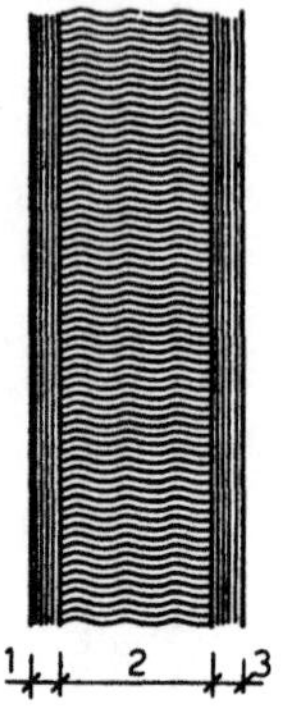

Tauwassermenge W_T = 4,648 kg/m²

Verteilung: gleichmäßig auf die Schicht 2, Mineralfaserplatten, angenommen

Materialdaten der Stoffschicht:

s = 0,08 m

λ_R = 0,040 W/(m·K)

Z = 0,05

$u_{v\ DIN\ 4108}$ = -- %

$u_{m\ DIN\ 4108}$ = 5 %

z_f = 0,01

ρ = 40 kg/m³

Volumen/Masse

W_T = 0,004 648 m³ = 4,648 kg

$V_{Stoffschicht}$ = 0,08 m · 1,0 m · 1,0 m = 0,080 m³

$M_{Stoffschicht}$ = 0,08 m · 1,0 m² · 40 kg/m³ = 3,200 kg

$$\lambda_{10,tr.} = \frac{\lambda_R}{1 + Z} = \frac{0{,}040}{1 + 0{,}05} = 0{,}038\ W/(m\cdot K)$$

$$u_{v\ bzw.\ m} = \frac{W_T}{V\ bzw.\ M} \cdot 100\ [\%]; \quad u_m = \frac{4{,}648}{3{,}200} \cdot 100 = 145{,}25\ \%$$

$$\lambda_f = \lambda_{10,tr.}\ [1 + Z + (u_m \cdot z_f)] = 0{,}038\ [1 + 0{,}05 + (145 \cdot 0{,}01)]$$
$$= 0{,}095\ W/(m\cdot K)$$

$1/\Lambda_{Ende\ Tauperiode}$

Schicht	Stoff	s	λ_R	s/λ_R
1	Gipskarton			0,060
2	Mineralfaserplatten	0,08	0,095	0,842
3	Faserzementplatten			0,026
				0,928 m² K/W

Untersuchung des Feuchteschutzes
Auswirkung der Tauwassermenge
auf den Wärmeschutz
Bestimmung von $1/\Lambda_{Ende\ Tauperiode}$

Objekt: TSS 66.2

Bauteil: Außenwandelement W 3

Blatt: 4 Dat.: 12.8.84 Z:W

Anmerkungen zum Beispiel W 3

Das Außenwandelement muß nach DIN 4108 T3 (8.81) zu den leichten Bauteilen gerechnet werden. Für die Bestimmung des erforderlichen Mindestwärmedurchlaßwiderstandes ist die Tafel IVb zugrunde zu legen. Nach Fußnote [1]) darf für die Ermittlung der flächenbezogenen Masse m nur die Gipskartonplatte herangezogen werden. Deren Gewicht beträgt nach DIN 18100 (12.78) 12,5 kg/m². Der Mindestwärmedurchlaßwiderstand für das Element wird dementsprechend zwischen 1,75 und 1,40 m².K/W zu suchen sein. Nach Fußnote [2]) dürfen Zwischenwerte gradlinig interpoliert werden:

$$\frac{x}{12{,}5} = \frac{1{,}75 - 1{,}40}{20}$$

$$x = \frac{(1{,}75 - 1{,}40) \cdot 12{,}5}{20} = 0{,}22$$

$$\frac{1}{\Lambda_{12{,}5\ \mathrm{erf.}}} = 1{,}75 - 0{,}22 = 1{,}53\ \frac{\mathrm{m^2 \cdot K}}{\mathrm{W}} < \frac{1}{\Lambda_{\mathrm{vorh.}}}$$

Der geforderte Mindestwert wird von dem Außenwandelement im trockenen Zustand zwar überschritten, am Ende der Tauperiode jedoch nicht mehr erreicht. Zudem wird keine der Bedingungen der DIN 4108 (Tafel Vc) erfüllt. Eine Dampfsperre aus der warmen Seite der Dämmschicht wird notwendig. Ihre Bemessung kann nach (39) vorgenommen werden. Man wird, da im Diffusionsdiagramm die äquivalenten Luftschichtdicken für die Darstellung des Bauteils verwendet wurden, diese auch hier an Stelle der Wasserdampf-Diffusionsdurchlaßwiderstände benutzen:

$$s_{d\ DS} = \frac{\Sigma s_d\ (p_i - p_{i\ \mathrm{zul.}})}{(p_{i\ \mathrm{zul.}} - p_a)} = \frac{0{,}93\ (1170 - 300)}{300 - 208}$$

$$= 8{,}79\ \mathrm{m}$$

Eine konstruktiv geeignete Dampfsperre oder Dampfbremse kann aus der Tafel I oder ihrem Nachtrag ausgewählt und auf der Innenoberfläche des Elementes angeordnet werden.

3.4 Berechnungsbeispiel W 4

mehrschichtige Außenwand

Wandaufbau

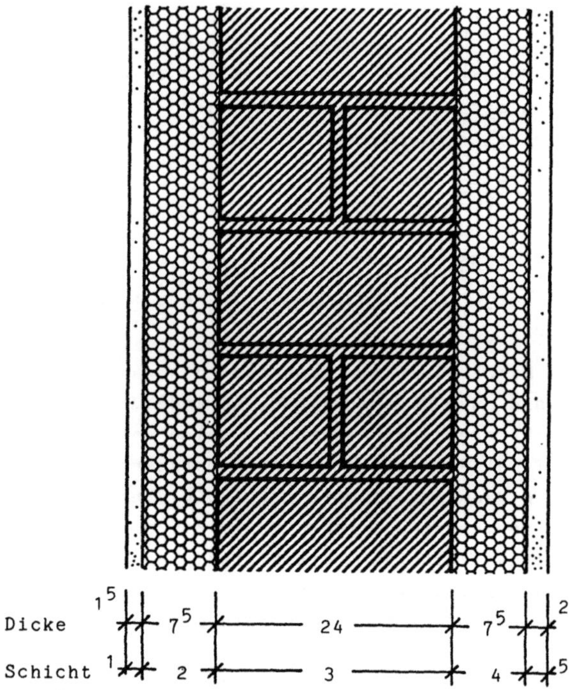

Schichtenfolge von innen nach außen:

Schicht 1	1,5 cm	Kalkmörtelputz
	7,5 cm	Holzwolle-Leichtbauplatte, L 75
	24,0 cm	Kalksandsteine, KS 1,8
	7,5 cm	Holzwolle-Leichtbauplatte, L 75
	2,0 cm	Kalkzementputz

Schicht	Baustoff	s m	μ —	s_d m	$\sum s_d$ m	λ_R $\frac{W}{m \cdot K}$	$\frac{1}{\alpha}; \frac{s}{\lambda_R}$ $\frac{m^2K}{W}$	$\sum \frac{1}{\Lambda}$ $\frac{m^2K}{W}$	$\Delta\vartheta$ K	ϑ_f °C	p_s Pa	p Pa	Bem.
1	2	3	4	5	6	7	8	9	10	11	12	13	14
	Luft innen									20,00	2 340	1 170	
	Wärmeübergang					$1/\alpha_i$ = 0,13		0,13	1,89				
1	Kalkmörtelputz	0,015	15	0,225	0,225	0,87	0,017	0,147	0,25	18,11	2 079		
2	HWL-Platte	0,075	2	0,15	0,375	0,093	0,806	0,954	11,71	17,86	2 052		
3	KS 1,8	0,24	25	6,00	6,375	0,99	0,242	1,196	3,51	6,15	949	949	p_{sw} 1
4	HWL-Platte	0,075	5	0,375	6,750	0,093	0,806	2,003	11,71	2,64	737		
5	Kalkzementputz	0,02	35	0,7	7,450	0,87	0,023	2,026	0,33	-9,07	281	281	p_{sw} 2
										-9,40	274		
	Wärmeübergang					$1/\alpha_a$ = 0,04		2,066	0,58				
	Luft außen									-10,00	260	208	

Innenklima / Außenklima	Kenndaten	
Innenklima	Kenndaten	Untersuchung des Feuchteschutzes Zusammenstellung der Rechengrößen für das Diffusionsdiagramm
ϑ_{Li} = 20,0 °C; P_{si} = 2 340 Pa	$1/\Lambda$ = 1,896 m²K/W	
φ_i = 50 % ; P_i = 1 170 Pa	$1/k$ = 2,066 m²K/W	Objekt: TSS 66.2
Außenklima	k = 0,484 W/(m²K)	
ϑ_{La} = -10,0 °C; P_{sa} = 260 Pa	q = 14,524 W/m²	Bauteil: Außenwand W 4
φ_a = 80 % ; P_a = 208 Pa		Blatt: 1 Dat.: 7.12.84 Z.: W

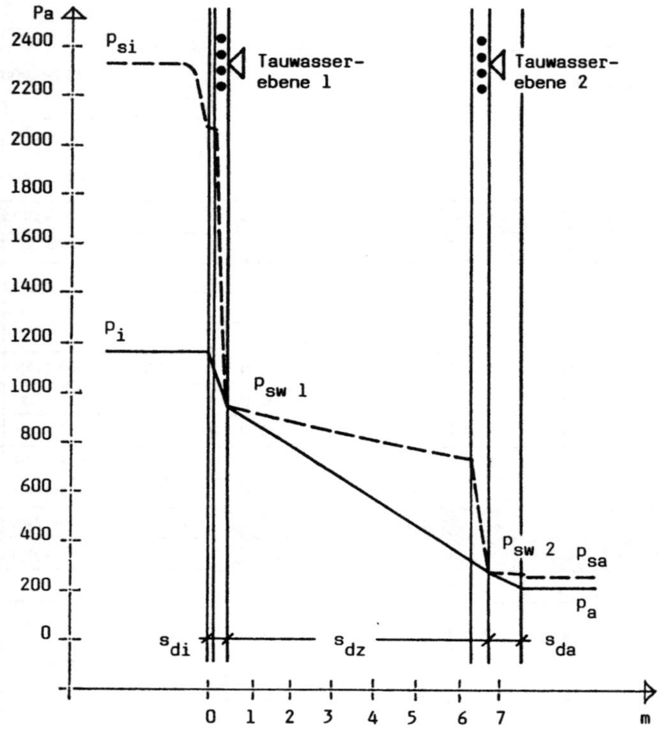

Berechnung der Tauwassermenge W_T:

$$i_i = \frac{p_i - p_{sw\,1}}{1/\Delta_i} = \frac{1170 - 949}{1{,}5 \cdot 10^6 \cdot 0{,}375}$$

$$i_i = 392{,}889 \cdot 10^{-6} \;\; kg/(m^2\,h)$$

$$i_z = \frac{p_{sw\,1} - p_{sw\,2}}{1/\Delta_z} = \frac{949 - 281}{1{,}5 \cdot 10^6 \cdot 6{,}375}$$

$$i_z = 69{,}856 \cdot 10^{-6} \;\; kg/(m^2\,h)$$

$$i_a = \frac{p_{sw\,2} - p_a}{1/\Delta_a} = \frac{281 - 208}{1{,}5 \cdot 10^6 \cdot 0{,}7}$$

$$i_a = 69{,}524 \cdot 10^{-6} \;\; kg/(m^2\,h)$$

$$W_{T\,1} = t_T\,(i_i - i_z)$$
$$= 1440 \cdot 323{,}033 \cdot 10^{-6}$$
$$= 0{,}465\,168 \; kg/m^2$$

$$W_{T\,2} = 1440 \cdot 0{,}332 \cdot 10^{-6}$$
$$= 0{,}000\,478 \; kg/m^2$$

Untersuchung des Feuchteschutzes
Diffusionsdiagramm und Berechnung der diffundierenden Wassermengen

Objekt: TSS 66.2

Bauteil: Außenwand W 4

Blatt: 2 Dat.: 7.12.84 Z.: W

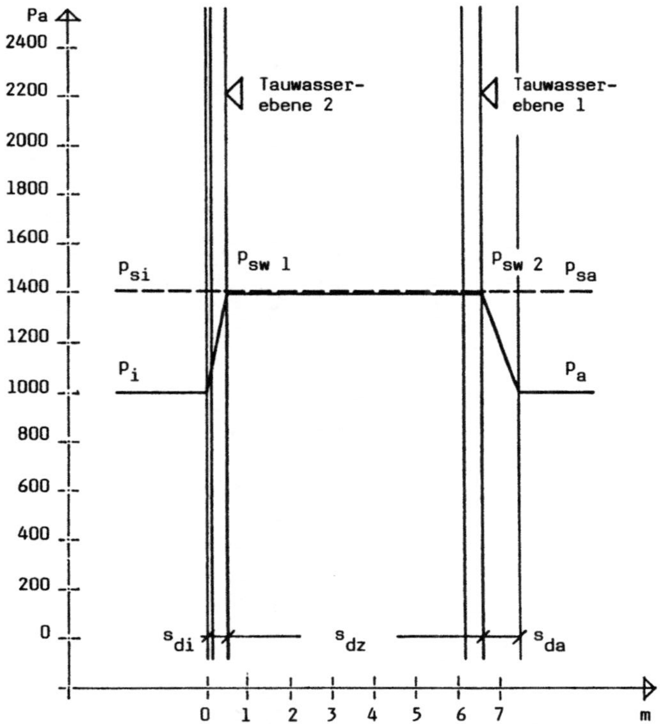

Berechnung der Verdunstungsmenge W_V:

$$i_i = \frac{p_{sw\,1} - p_i}{1/\Delta_i} = \frac{1403 - 982}{1{,}5 \cdot 10^6 \cdot 0{,}375}$$

$$= 748{,}444 \cdot 10^{-6} \ \text{kg/(m}^2\ \text{h)}$$

$$i_a = \frac{p_{sw\,2} - p_a}{1/\Delta_a} = \frac{1403 - 982}{1{,}5 \cdot 10^6 \cdot 0{,}7}$$

$$= 400{,}952 \cdot 10^{-6} \ \text{kg/(m}^2\ \text{h)}$$

$$W_V = t_V\ (i_i + i_a)$$

$$= 2160 \cdot 1149{,}396 \cdot 10^{-6}$$

$$= 2{,}483\ \text{kg/m}^2 > W_T$$

Untersuchung des Feuchteschutzes
Diffusionsdiagramm und Berechnung der diffundierenden Wassermengen

Objekt: TSS 66.2

Bauteil: Außenwand W 4

Blatt: 3 Dat.: 7.12.84 Z.: W

Anmerkungen zum Beispiel W 4

Außenbauteile mit diesem oder einem ähnlichen Schichtaufbau werden selten so geplant. Sie entstehen meist bei nachträglichen Maßnahmen zur Erhöhung des Wärmedurchlaßwiderstandes oder zur Verbesserung der Akustik, aber auch dann, wenn bei nur zeitweilig benutzten Räumen deren Aufheizzeit herabgesetzt werden soll. Ob man die dadurch bewirkte Minderung der Wirksamkeit des Wärmespeicherungsvermögens im Hinblick auf den sommerlichen Wärmeschutz in Kauf nehmen will, sollte vorher sorgfältig geprüft werden.

Diffusionstechnisch bereiten diese Bauteile kaum Schwierigkeiten. Durch eine sorgfältige Auswahl und Bemessung der Dämmstoffe und eine bedachte Anordnung der Schichten kann die Tauwassermenge unter Kontrolle gehalten werden (s. auch Abschnitt 4).

Die Entscheidung darüber, ob für die Stoffschichten zwischen den beiden Tauwasserebenen die höheren oder die die niedrigeren Wasserdampf-Diffusionswiderstandszahlen als die ungünstigeren anzusehen sind, ist unerheblich. Die Summe der Tauwassermassen bleibt unter beiden Annahmen gleich.

Angesichts des verhältnismäßig geringen Feuchtegehaltes der Schicht 2

$$u_m = \frac{W_T}{M} = \frac{0{,}465\ \text{kg/m}^2}{0{,}075\ \text{m} \cdot 375\ \text{kg/m}^3} \cdot 100 = 1{,}65\ \%$$

wird darauf verzichtet, die Auswirkungen der Feuchtigkeit weiter zu untersuchen.

3.4 Berechnungsbeispiel

massives unbelüftetes
Flachdach

Aufbau:

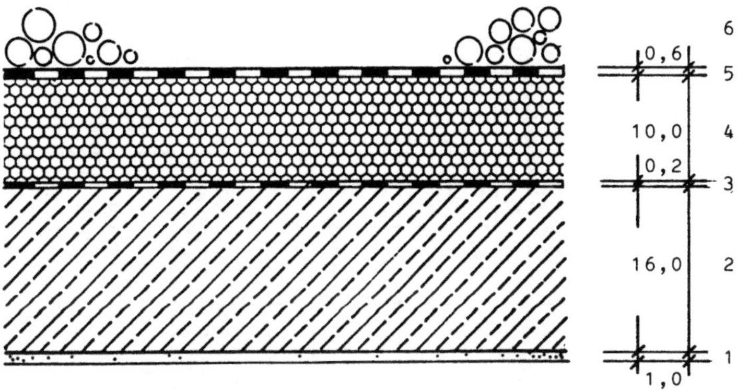

Schichtenfolge von oben nach unten:

Schicht 6	6,0 cm	Kiesschüttung
5	0,6 cm	Dachabdichtung
4	10,0 cm	Polystyrol-Partikelschaum Typ WD, nach DIN 18 164 T 1, 20 kg/m³, Wärmeleitfähigkeitsgruppe 040
3	0,2 cm	Bitumendachbahn
2	16,0 cm	Stahlbeton
1	1,0 cm	Kalkgipsputz

Schicht	Baustoff	s	μ	s_d	$\sum s_d$	λ_R	$\frac{1}{\alpha};\frac{s}{\lambda_R}$	$\sum \frac{1}{\Lambda}$	$\Delta\vartheta$	ϑ_f	p_s	p	Bem.
		m	—	m	m	$\frac{W}{m \cdot K}$	$\frac{m^2K}{W}$	$\frac{m^2K}{W}$	K	°C	Pa	Pa	
1	2	3	4	5	6	7	8	9	10	11	12	13	14
	Luft innen									20,00	2340	1170	
	Wärmeübergang					$1/\alpha_i$ =0,13		0,13	1,41				
1	Kalkgipsputz	0,01	10	0,1	0,1	0,70	0,014	0,144	0,15	18,59	2145		
2	Stahlbeton	0,16	70	11,2	11,3	2,1	0,076	0,22	0,83	18,44	2119		
3	Bitumendachbahn	0,002	$15 \cdot 10^3$	30,0	41,3	---	-----	----	----	17,61	2014		
4	PS-Partikelschaum	0,10	30	3,0	44,3	0,04	2,5	2,72	27,17	17,61	2014		
5	Dachabdichtung	0,006	10^5	600,0	644,3	---	-----	----	----	-9,56	269	269	p_{sw}
6	Kiesschüttung	0,06	--	----	----	----	-----	----	----	-9,56	269		
	Wärmeübergang					$1/\alpha_a$ =0,04		2,76	0,43				
	Luft außen									-10,00	260	208	

Innenklima

ϑ_{Li} = 20,0 °C; P_{si} = 2340 Pa

φ_i = 50 % ; P_i = 1170 Pa

Außenklima

ϑ_{La} = -10,0 °C; P_{sa} = 260 Pa

φ_a = 80 % ; P_a = 208 Pa

Kenndaten

$1/\Lambda$ = 2,59 m²K/W

$1/k$ = 2,76 m²K/W

k = 0,36 W/(m²K)

q = 10,867 W/m²

Untersuchung des Feuchteschutzes
Zusammenstellung der Rechengrößen für das Diffusionsdiagramm

Objekt: TSS 66.2

Bauteil: Flachdach

Blatt: 1 Dat.: 3.4.83 Z.: W

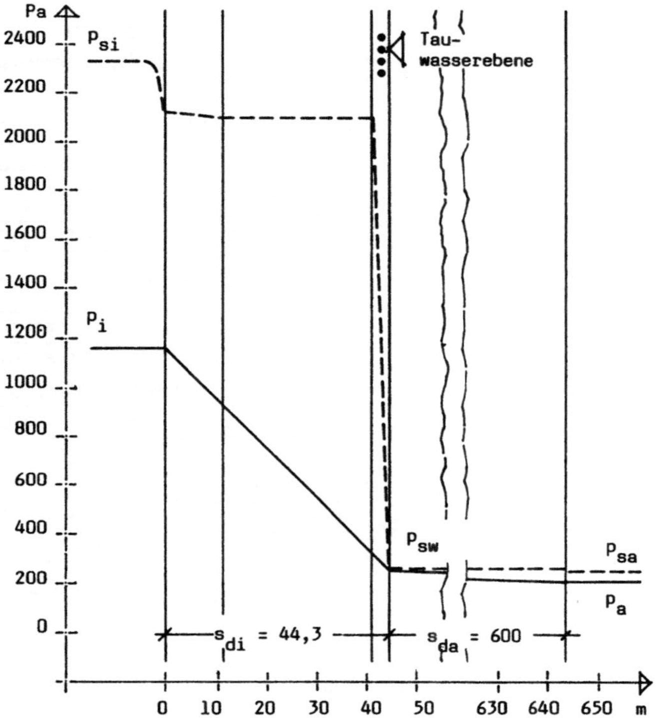

Berechnung der Tauwassermenge W_T:

$$i_i = \frac{p_i - p_{sw}}{1/\Delta_i} = \frac{1170 - 269}{1{,}5 \cdot 10^6 \cdot 44{,}3}$$

$$i_i = 13{,}559 \cdot 10^{-6} \text{ kg/(m}^2\text{.h)}$$

$$i_a = \frac{p_{sw} - p_a}{1/\Delta_a} = \frac{269 - 208}{1{,}5 \cdot 10^6 \cdot 600}$$

$$i_a = 0{,}068 \cdot 10^{-6} \text{ kg/(m}^2\text{.h)}$$

$$W_T = (i_i - i_a) \cdot t_T$$

$$= 13{,}491 \cdot 10^{-6} \cdot 1440$$

$$= 0{,}019 \text{ kg/m}^2 < W_{T\ zul} = 0{,}5 \text{ kg/m}^2$$

Untersuchung des Feuchteschutzes
Diffusionsdiagramm und Berechnung der diffundierenden Wassermengen

Objekt: TSS 66.2

Bauteil: Flachdach

Blatt: 2 Dat.: 3.4.83 Z.: W

Schicht	Baustoff	s	μ	s_d	$\sum s_d$	λ_R	$\frac{1}{\alpha};\frac{s}{\lambda_R}$	$\sum \frac{1}{\Lambda}$	$\Delta\vartheta$	ϑ_f	p_s	p	Bem.
		m	—	m	m	$\frac{W}{m \cdot K}$	$\frac{m^2K}{W}$	$\frac{m^2K}{W}$	K	°C	Pa	Pa	
1	2	3	4	5	6	7	8	9	10	11	12	13	14
	Luft innen									12,00	1403	982	
	Wärmeübergang					$1/\alpha_i$ =	0,13	0,13	0,38				
1	Kalkgipsputz	0,01	10	0,1	0,1	0,70	0,014	1,44	0,04	12,38	1441		
2	Stahlbeton	0,16	70	11,2	11,3	2,1	0,076	0,22	0,22	12,42	1441		
3	Bitumendachbahn	0,002	$15 \cdot 10^3$	30,0	41,3	----	-----	----	----	12,64	1460		
4	PS-Partikelschaum	0,10	30	3,0	44,3	0,04	2,5	2,72	7,36	12,64	1460	1460	p_{sw} 1
5	Dachabdichtung	0,006	10^5	600,0	644,3	----	-----	----	----	20,00	2340	2340	p_{sw} 2
6	Kiesschüttung	0,06	--	-----	-----	-----	-----	----	----	20,00	2340		
	Wärmeübergang					$1/\alpha_a$ =	-----	----	----				
	Luft außen									12,00	1403	982	

Innenklima

ϑ_{Li} = 12,0 °C; P_{si} = 1403 Pa

φ_i = 70 % ; P_i = 982 Pa

Außenklima ϑ_{Oa} = 20,0 %C

ϑ_{La} = 12,0 °C; P_{sa} = 1403 Pa

φ_a = 70 % ; P_a = 982 Pa

Kenndaten

$1/\Lambda'$ = 2,59 m²K/W

$1/k'$ = 2,72 m²K/W

k' = 0,368 W/(m²K)

q = 2,94 W/m²

Untersuchung des Feuchteschutzes
Zusammenstellung der Rechengrößen für das Diffusionsdiagramm

Objekt: TSS 66.2

Bauteil: Flachdach

Blatt: 3 Dat.: 3.4.83 Z.: W

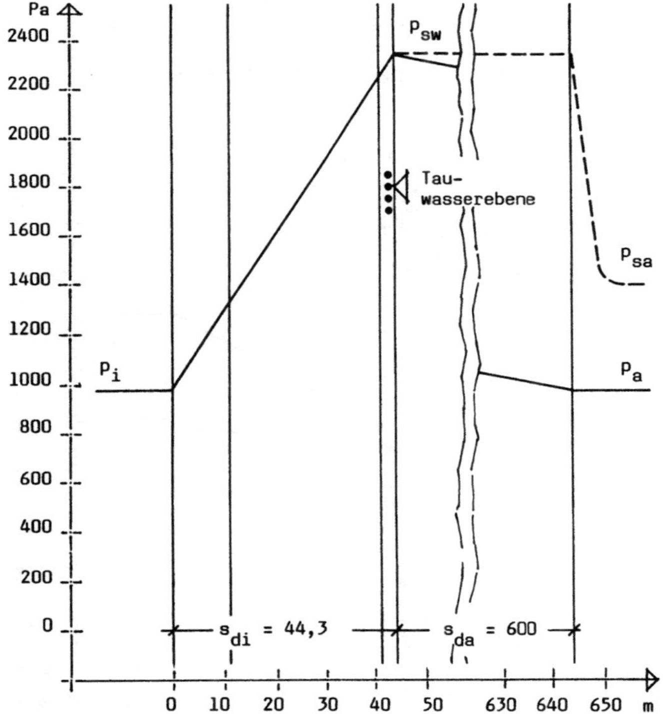

Berechnung der Verdunstungsmenge W_V:

$$i_i = \frac{p_{sw} - p_i}{1/\Delta_i} = \frac{2340 - 982}{1{,}5 \cdot 10^6 \cdot 44{,}3}$$

$$i_i = 20{,}436 \cdot 10^{-6}\ \mathrm{kg/(m^2.h)}$$

$$i_a = \frac{p_{sw} - p_a}{1/\Delta_a} = \frac{2340 - 982}{1{,}5 \cdot 10^6 \cdot 600}$$

$$i_a = 1{,}509 \cdot 10^{-6}\ \mathrm{kg/(m^2.h)}$$

$$W_V = (i_i + i_a) \cdot t_V$$
$$= 21{,}945 \cdot 10^{-6} \cdot 2160$$
$$= 0{,}047\ \mathrm{kg/m^2} > W_T = 0{,}019\ \mathrm{kg/m^2}$$

Untersuchung des Feuchteschutzes
Diffusionsdiagramm und Berechnung der diffundierenden Wassermengen

Objekt: TSS 66.2

Bauteil: Flachdach

Blatt: 4.1 Dat.: 3.4.83 Z.: W

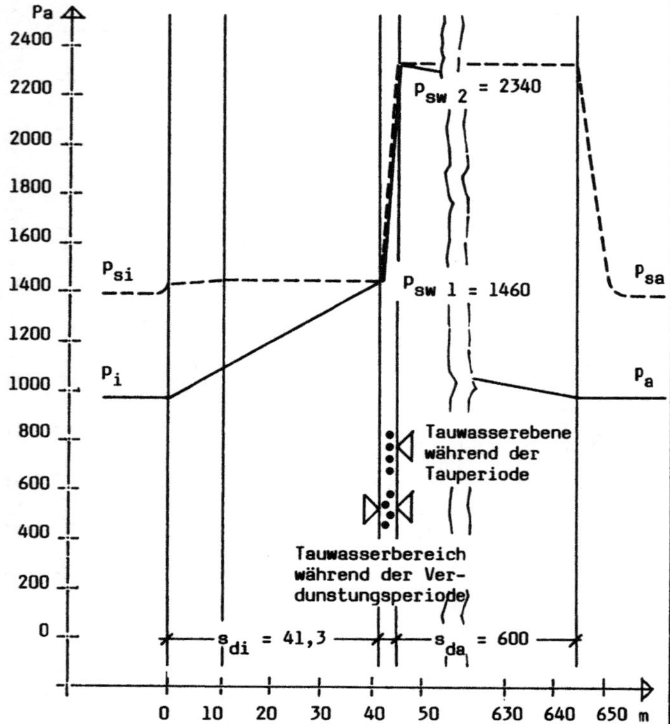

Berechnung der Verdunstungsmenge W_V:

$$i_i = \frac{p_{sw\,1} - p_i}{1/\Delta_i} = \frac{1460 - 982}{1{,}5 \cdot 10^6 \cdot 41{,}3}$$

$$i_i = 7{,}716 \cdot 10^{-6} \text{ kg/(m}^2\text{.h)}$$

$$i_a = \frac{p_{sw\,2} - p_a}{1/\Delta_a} = \frac{2340 - 982}{1{,}5 \cdot 10^6 \cdot 600}$$

$$i_a = 1{,}509 \cdot 10^{-6} \text{ kg/(m}^2\text{.h)}$$

$$W_V = (i_i + i_a) \cdot t_V$$

$$= 9{,}225 \cdot 10^{-6} \cdot 2160$$

$$= 0{,}020 \text{ kg/m}^2 > W_T = 0{,}019 \text{ kg/m}^2$$

Untersuchung des Feuchteschutzes
Diffusionsdiagramm und Berechnung der diffundierenden Wassermengen

Objekt: TSS 66.2

Bauteil: Flachdach

Blatt: 4.2 Dat.: 3.4.83 Z.: W

Checkliste zum Berechnungsbeispiel D

Massives unbelüftetes Flachdach

Rechenverfahren nach DIN 4108

1. Zusammenstellung der Rechengrößen für das Diffusionsdiagramm der Tauperiode

1.01 Bestimmung der Klimadaten, hier, nach Tafel V

ϑ_{Li} = 20,0 °C, φ_i = 50 %, p_i = 1170 Pa

ϑ_{La} = -10,0 °C, φ_a = 80 %, p_a = 208 Pa

1.02 Eintragung des Dachaufbaus
der Stoffdicken
der Wasserdampf-Diffusionswiderstandszahlen μ nach Tafel I

in die Spalten 1,2,3 und 4. Für die Wahl des Wertes μ wird die Lage einer Tauwasserebene in der Trennfläche zwischen den Schichten 4 und 5 anzunehmen sein:

1 Kalkgipsputz	s = 0,01	m, μ =	10
2 Stahlbeton	= 0,16	=	70
3 Bitumendachbahn	= 0,002	=	15 000
4 PS-Partikelschaum 20kg/m³	= 0,10	=	30
5 Dachabdichtung	= 0,006	=	100 000

1.03 Berechnung der äquivalenten Luftschichtdicken der einzelnen Stoffschichten $s_d = s \cdot \mu$ und deren Eintragung in die Spalte 5. Die fortlaufende Summierung dieser Werte in Spalte 6 erleichtert die Anfertigung des Diagramms sowie die Ermittlung der Größen s_{di} und s_{da}.

$s_{d\,1}$ = 0,01	· 10	= 0,1	Σs_d =	0,1
$s_{d\,2}$ = 0,16	· 70	= 11,2	=	11,3
$s_{d\,3}$ = 0,002	· 15 000	= 30,0	=	41,3
$s_{d\,4}$ = 0,10	· 30	= 3,0	=	44,3
$s_{d\,5}$ = 0,006	· 100 000	= 600,0	=	644,3

1.04 Eintragung der rechnerischen Wärmeleitzahlen λ_R der einzelnen Schichten aus Tafel I in Spalte 7, Berechnung der Teilwärmedurchlaßwiderstände s/λ_R und Eintragung in Spalte 8, Ergänzung durch die Wärmeübergangswiderstände $1/\alpha_i$ und $1/\alpha_a$ aus Tafel III. Hierbei ist zu beachten, daß nach DIN 4108 feuchtigkeitstechnische Schutzschichten (z.B. Dampfsperren, Dachhaut u.a.) bei der Ermittlung der Temperaturverteilung nicht mitgerechnet werden.

		$\Sigma 1/\Lambda$
$1/\alpha_i$	= 0,13	= 0,13 m²·K/W
s_1/λ_{R1}	= 0,01 : 0,70 = 0,014	= 0,144
s_2/λ_{R2}	= 0,16 : 2,1 = 0,076	= 0,22
s_3/λ_{R3}	= entfällt	
s_4/λ_{R4}	= 0,10 : 0,04 = 2,5	= 2,72
s_5/λ_{R5}	= entfällt	
$1/\alpha_a$	= 0,04	= 2,76

Die fortlaufende Summierung der Einzelwerte in Spalte 9 ist hier entbehrlich, erleichtert jedoch die Ermittlung der Kennwerte.

1.05 Zusammenstellung der Kennwerte

$1/\Lambda = \Sigma s/\lambda_R = 2{,}59$ m².K/W

$1/k = 1/\alpha_i + 1/\Lambda + 1/\alpha_a = 2{,}76$ m².K/W

$k = 0{,}36$ W/(m².K)

$q = k\,(\vartheta_{Li} - \vartheta_{La}) = 10{,}867$ W/m²

1.06 Berechnung der Temperatursprünge $\Delta\vartheta$ in den einzelnen Schichten nach (19) bis (23) und deren Eintragung in Spalte 10.

$\Delta\vartheta = q \cdot s/\lambda_R$ bzw. $1/\alpha$; im Bereich

des Wärmeübergangs innen:	10,867 · 0,13	=	1,41 K
der Schicht 1	10,867 · 0,014	=	0,15
2	10,867 · 0,076	=	0,83
3	entfällt		
4	10,867 · 2,5	=	27,17
5	entfällt		

1.07 Ermittlung der Trennflächentemperaturen ϑ_f durch Subtraktion der $\Delta\vartheta$-Werte von der Ausgangstemperatur, der Innentemperatur ϑ_{Li}, und deren Eintragung in Spalte 11.

$\vartheta_{Li} - \Delta\vartheta_{Wärmeübergang}$	= Oberflächentemperatur ϑ_{Oi}
20,00 - 1,41	= 18,59 °C
$\vartheta_{Oi} - \Delta\vartheta_{Schicht\ 1}$	= Trennflächentemperatur $\vartheta_{f\ 1/2}$
18,59 - 0,15	= 18,44 °C
$\vartheta_f - \Delta\vartheta_{Schicht\ 2}$	= Trennflächentemperatur $\vartheta_{f\ 2/3}$
18,44 - 0,83	= 17,61 °C
$\vartheta_f - \Delta\vartheta_{Schicht\ 3}$	= Trennflächentemperatur $\vartheta_{f\ 3/4}$
17,61 - 0	= 17,61 °C
$\vartheta_f - \Delta\vartheta_{Schicht\ 4}$	= Trennflächentemperatur $\vartheta_{f\ 4/5}$
17,61 - 27,17	= -9,56 °C
$\vartheta_f - \Delta\vartheta_{Schicht\ 5}$	= Oberflächentemperatur ϑ_{Oa}
-9,56 - 0	= -9,56 °C
$\vartheta_{Oa} - \Delta\vartheta_{Wärmeübergang}$	= Außentemperatur ϑ_{La}
-9,56 - 0,43	= -10,0 °C

1.08 Bestimmung der Sättigungsdampfdrücke p_s, die zu den jeweiligen Trennflächentemperaturen ϑ_f gehören, nach Tafel VIII, und deren Eintragung in Spalte 12:

ϑ_{Li}	= 20,00 °C;	→	P_s	= 2340 Pa
ϑ_{Oi}	= 18,59 ;	→		= 2145
$\vartheta_{f\ 1/2}$	= 18,44 ;	→		= 2119
$\vartheta_{f\ 2/3}$	= 17,61 ;	→		= 2014
$\vartheta_{f\ 3/4}$	= 17,61 ;	→		= 2014
$\vartheta_{f\ 4/5}$	= -9,56 :	→		= 269
ϑ_{Oi}	= -9,56 ;	→		= 269
ϑ_{La}	= -10,00 ;	→		= 260

Hierbei ist ein Interpolieren unnötig. Für die Darstellung des Sättigungsdruckverlaufes ist es von hinreichender Genauigkeit, wenn die ϑ_f auf Zehntelgrade gerundet und danach die p_s-Drücke aus der Tafel abgelesen werden.

2. Diffusionsdiagramm und Berechnung der diffundierenden Wassermengen für die Tauperiode

2.01 Anlage einer Abzisse mit der Eintragung eines geeigneten Maßstabes für die äquivalenten Luftschichtdicken, hier z.B. 1mm ≙ 1 m. Dieser Maßstab ermöglicht es, den wichtigeren Teil des Diagramms auf den ersten 50 m hinreichend deutlich darzustellen, wenn man den unwichtigeren Teil der Schicht 5 in der gezeigten Weise verkürzt.

2.02 Abtragen der äquivalenten Luftschichtdicken der einzelnen Schichten, hier von der Innenoberfläche des Flachdaches nach rechts.

2.03 Anlage einer Ordinate mit der Eintragung eines geeigneten p-Maßstabes, hier z.B. 10 mm ≙ 200 Pa.

2.04 Eintragung der für die einzelnen Trennflächen ermittelten Sättigungsdampfdrücke p_s aus der Spalte 12 des Formblattes 1. Die Verbindung der gefundenen Punkte ergibt die Sättigungsdruckkurve, den Wasserdampfsättigungsdruckverlauf innerhalb des Bauteils.

2.05 Eintragung der Partialdrücke innen und außen auf den Oberflächen, hier, aus Formblatt 1, p_i = 1170 Pa und p_a = 208 Pa. Tangenten von diesen Punkten an den Kurvenzug des Sättigungsdruckes liefern den Berührungspunkt p_{sw} in der Trennfläche zwischen den Schichten 4 und 5, die als Tauwasserebene anzusprechen ist. Der Diffusionsstrom zerfällt in einen hineindiffundierenden und in einen hinausdiffundierenden Teil. Die Diffusionsstromdichten dieser Teile können nach (25) und (26) berechnet werden.

2.06 Berechnung der in das Dach hinein bis zur Tauwasserebene diffundierenden Wassermenge:

$$i_i = \frac{p_i - p_{sw}}{1/\Delta_i} = \frac{p_i - p_{sw}}{1{,}5 \cdot 10^6 \cdot s_{di}}$$

$$= \frac{1170 - 269}{1{,}5 \cdot 10^6 \cdot 44{,}3} = 13{,}559 \cdot 10^{-6} \text{ kg/(m}^2\text{.h)}$$

2.07 Berechnung der aus dem Dach von der Tauwasserebene nach außen diffundierenden Wassermenge:

$$i_a = \frac{p_{sw} - p_a}{1/\Delta_a} = \frac{p_{sw} - p_a}{1{,}5 \cdot 10^6 \cdot s_{da}}$$

$$= \frac{269 - 208}{1{,}5 \cdot 10^6 \cdot 600} = 0{,}068 \cdot 10^{-6} \text{ kg/(m}^2\text{.h)}$$

2.08 Die Differenz $i_i - i_a$ ergibt die im Dach verbleibende Wassermenge:

$$13{,}559 \cdot 10^{-6} - 0{,}068 \cdot 10^{-6} = 13{,}491 \cdot 10^{-6} \text{ kg/(m}^2\text{.h)}$$

2.09 Berechnung der während der Tauperiode ausfallenden Wassermenge W_T:

$W_T = (i_i - i_a) \cdot t_T$; t_t ist nach Tafel V = 1440 h,

$W_T = 13{,}491 \cdot 10^{-6} \quad 1440 = 0{,}019$ kg/m².

Damit ist W_T kleiner als die auf Seite 39 genannte Menge von 0,5 bzw. 1,0 kg/m². Zu prüfen ist nun, ob die während der Tauperioden angefallene Wassermenge in einer Verdunstungsperiode wieder vollständig das Flachdach verläßt.

3. Zusammenstellung der Rechengrößen für das Diffusionsdiagramm der Verdunstungsperiode

3.01 Bestimmung der Klimadaten, hier, nach Tafel V

$\vartheta_{Li} = 12$ °C, $\varphi_i = 70$ %, $p_i = 982$ Pa

ϑ_{La} = 12,0 °C, φ_a = 70 %, p_a = 982 Pa
ϑ_{Oa} = 20,0 °C, im Tauwasserbereich φ = 100 % und ϑ entsprechend dem Temperaturgefälle von außen nach innen.

3.02 Übernahme der bereits in Blatt 1 ermittelten Daten aus den Spalten 1 bis 6.

3.03 Übernahme der ermittelten Teilwärmedurchlaßwiderstände und des Wärmeübergangswiderstandes innen aus der Spalte 7. Der Wärmeübergangswiderstand außen bleibt unberücksichtigt, da die Oberflächentemperatur außen ϑ_{Oa} = 20,0 °C in den Randbedingungen bereits festgegelegt worden ist.

3.04 Zusammenstellung der Kennwerte

Unverändert bleibt $1/\Lambda = \Sigma s/\lambda_R$ = 2,59 m².K/W

Da es sich bei den nachfolgenden Werten nicht um die vollständigen Größen handelt, empfiehlt es sich, dies, um Verwechselungen zu vermeiden, kenntlich zu machen:

$1/k' = 1/\alpha_i + 1/\Lambda$ = 2,72 m².K/W

k' = 0,368 W/(m².K)

q' = 2,94 W/m²

3.05 Berechnung der Temperatursprünge in den einzelnen Schichten wie im Abschnitt 1.o6: Es wird $\Delta\vartheta$ im Bereich

des Wärmeübergangs innen:	2,94 · 0,13	=	0,38 K
der Schicht 1 :	2,94 · 0,014	=	0,04
2 :	2,94 · 0,076	=	0,22
3 :	entfällt		
4 :	2,94 · 2,5	=	7,36
5 :	entfällt		
des Wärmeübergangs außen:	entfällt		

3.06 Ermittlung der Trennflächentemperaturen ϑ_f und deren

Eintragung in Spalte 11.

$\vartheta_{Li} + \Delta\vartheta_{Wärmeübergang}$	=	Oberflächentemperatur ϑ_{Oi}
12,00 + 0,38	=	12,38 °C
$\vartheta_{Oi} + \Delta\vartheta_{Schicht\ 1}$	=	Trennflächentemperatur $\vartheta_{f\ 1/2}$
12,38 + 0,04	=	12,42 °C
$\vartheta_{f} + \Delta\vartheta_{Schicht\ 2}$	=	Trennflächentemperatur $\vartheta_{f\ 2/3}$
12,42 + 0,22	=	12,64 °C
$\vartheta_{f} + \Delta\vartheta_{Schicht\ 3}$	=	Trennflächentemperatur $\vartheta_{f\ 3/4}$
12,64 + 0	=	12,64 °C
$\vartheta_{f} + \Delta\vartheta_{Schicht\ 4}$	=	Trennflächentemperatur $\vartheta_{f\ 4/5}$
12,64 + 7,36	=	20,00 °C
$\vartheta_{f} + \Delta\vartheta_{Schicht\ 5}$	=	Oberflächentemperatur ϑ_{Oa}
20,00 + 0	=	20,00 °C

3.07 Bestimmung der Sättigungsdampfdrücke p_s, die zu den jeweiligen Trennflächentemperaturen ϑ_f gehören, nach Tafel VIII, und deren Eintragung in Spalte 12:

ϑ_{Li}	=	12,00 °C;	→	p_s	=	1403 Pa
ϑ_{Oi}	=	12,38 °C;	→		=	1441
$\vartheta_{f\ 1/2}$	=	12,42 °C;	→		=	1441
$\vartheta_{f\ 2/3}$	=	12,64 °C;	→		=	1460
$\vartheta_{f\ 3/4}$	=	12,64 °C;	→		=	1460
$\vartheta_{f\ 4/5}$	=	20,00 °C;	→		=	2340
ϑ_{Oa}	=	20,00 °C;	→		=	2340

4. Diffusionsdiagramm und Berechnung der diffundierenden Wassermengen für die Verdunstungsperiode

4.01 Anlage einer Abzisse wie in 2.01

4.02 Abtragen der äquivalenten Luftschichtdicken wie in 2.02

4.03 Anlage einer Ordinate wie in 2.03

4.04 Eintragung des Sättigungsdruckverlaufes von der Tauwasserebene nach außen.

4.05 Eintragung der Partialdrücke innen und außen, hier nach 3.01 ist $p_i = p_a = 982$ Pa.

4.06 Eintragung des im Inneren des Bauteils im Bereich des ausgefallenen Tauwassers vorhandenen Partialdruckes. Hier, in der Tauwasserebene muß nach 3.01 eine relative Luftfeuchtigkeit von 100 % angenommen werden, es wird $p = p_s = 2340$ Pa $= p_{sw}$.

4.07 Eine Verbindung der gefundenen Punkte $p_i - p_{sw} - p_a$ liefert den Wasserdampfteildruckverlauf innerhalb des Flachdaches während der Verdunstungsperiode. Sie macht deutlich, daß es sich hier um zwei Diffusionsströme handelt, die von der Tauwasserebene ausgehend nach der inneren und nach der äußeren Oberfläche des Daches gerichtet sind.

Die übersichtliche Einfachheit des Diagramms auf Blatt 4.1 wird durch die Vernachlässigung des Sättigungsdruckverlaufs zwischen dem Innenraum und der Tauwasserebene erzwungen. Die DIN 4108 vermerkt dazu lapidar: "Erneuter Tauwasserausfall während der Verdunstungsperiode (Gerade $p_{sw} - p_i$) wird nicht berücksichtigt."

Vervollständigt man das Diagramm, so wird man feststellen, daß sich dann Wasserdampfteildruck und Wasserdampfsättigungsdruck überschneiden. Ein solches Diffusionsdiagramm aber wäre falsch, es widerspräche den bauphysikalischen Gesetzen (Bild 18). Der Partialdruck kann an keiner Stelle eines Bauteils größer sein als der dort mögliche Sättigungsdruck.

Eine so schematisierte Ermittlung der Verdunstungsmenge muß zu zweifelhaften Ergebnissen führen.

Trotz dieser Einwände wird die Berechnung hier fortgeführt, um ihre Ergebnisse mit jenen aus dem im Abschnitt 5 berichtigten Verfahren vergleichen zu können.

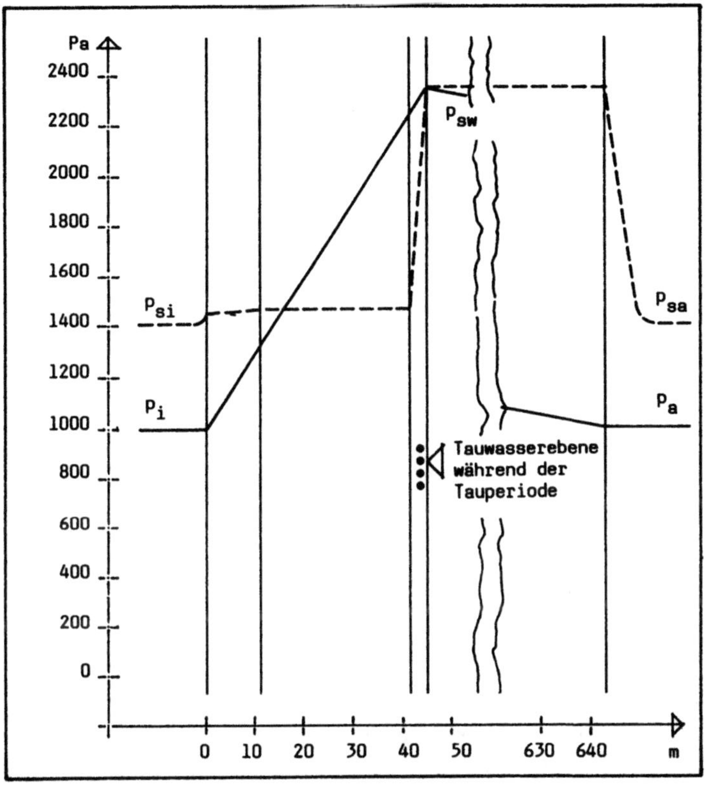

Bild 18

Die Ergänzung des Diffusionsdiagramms für die Verdunstungsperiode aus Blatt 4.1 durch die Eintragung des Sättigungsdruckverlaufs von der Innenoberfläche bis zur Tauwasserebene zeigt eine physikalisch nicht mögliche Situation. Der Partialdruck kann den Sättigungsdruck nicht überschreiten. Ein solches Diagramm ist im Prinzip falsch.

4.08 Berechnung der aus der Tauwasserebene in den Innenraum diffundierenden Wassermenge nach dem unberichtigtem Diagramm des Blattes 4.1:

$$i_i = \frac{p_{sw} - p_i}{1/\Delta_i} = \frac{p_{sw} - p_i}{1,5 \cdot 10^6 \cdot s_{di}}$$

$$i_i = \frac{2340 - 982}{1,5 \cdot 10^6 \cdot 44,3} = 20,436 \cdot 10^{-6} \text{ kg/(m}^2\text{.h)}$$

4.09 Berechnung der aus der Tauwasserebene in den Außenraum diffundierenden Wassermenge:

$$i_a = \frac{p_{sw} - p_i}{1/\Delta_a} = \frac{p_{sw} - p_a}{1,5 \cdot 10^6 \cdot s_{da}}$$

$$i_a = \frac{2340 - 982}{1,5 \cdot 10^6 \cdot 600} = 1,509 \cdot 10^{-6} \text{ kg/(m}^2\text{.h)}$$

4.10 Die Summe $i_i + i_a$ ergibt die aus dem Bauteil verdunstende Wassermenge:

$$20,436 \cdot 10^{-6} + 1,505 \cdot 10^{-6} = 21,945 \cdot 10^{-6} \text{ kg/(m}^2\text{.h}$$

4.11 Berechnung der während der Verdunstungsperiode aus dem Flachdach verdunstenden Wassermenge:

$W_V = (i_i + i_a)\ t_V$; t_V ist nach Tafel V = 2160 h,

$W_V = 21,945 \cdot 10^{-6} \cdot 2160 = 0,047$ kg/m²

$W_V > W_T = 0,019$ kg/m²

5. Berichtigtes Diffusionsdiagramm und Berechnung der diffundierenden Wassermengen für die Verdunstungsperiode

Die ersten Schritte sind aus den Abschnitten 2 und 4 bekannt:

5.01 Anlage einer Abzisse

5.02 Abtragen der äquivalenten Luftschichtdicken

5.03 Anlage einer Ordinate

5.04 Eintragung der für die einzelnen Trennflächen ermittelten Sättigungsdampfdrücke p_s aus der Spalte 12 des Blattes 3. Die Verbindung der gefundenen Punkte ergibt den Wasserdampfsättigungsdruckverlauf innerhalb des Bauteils.

5.05 Eintragung der innen und außen vorhandenen Wasserdampfteildrücke auf den Oberflächen, hier, nach 3.01 $p_i = p_a = 982$ Pa.

5.06 Eintragung des im Inneren des Daches im Bereich des Tauwassers vorhandenen Partialdruckes. In der Tauwasserebene muß nach 3.01 $\varphi = 100$ % angenommen werden. Es wird $p = p_s = 2340$ Pa.

Von hier aus wird der Partialdruck nach p_i und nach p_a fallen. Er wird sich dabei im Bereich der Schicht 4 dem Sättigungsdruck anschmiegen.

Deutet man diesen Dampfdruckverlauf entsprechend den von Glaser formulierten Gesetzmäßigkeiten (s.S. 26f.), so kommt es unter den veränderten klimatischen Bedingungen zur Ausbildung eines Tauwasserbereichs in der Schicht 4. Zwei Diffusionsströme werden erkennbar: von $p_{sw\ 1}$ nach p_i und von $p_{sw\ 2}$ nach p_a.

5.07 Berechnung der aus dem Tauwasserbereich in den Innenraum diffundierenden Wassermenge:

$$i_i \quad \frac{p_{sw} - p_i}{1/\Delta_i} = \frac{p_{sw} - p_i}{1{,}5 \cdot 10^6 \cdot s_{di}}$$

$$i_i = \frac{1460 - 982}{1{,}5 \cdot 10^6 \cdot 41{,}3} = 7{,}716 \cdot 10^{-6} \text{ kg/(m}^2\text{.h)}$$

Angesichts der Größe von Σs_d wird hier, wie auch in 5.08, darauf verzichtet, die äquivalente Luftschichtdicke der durchfeuchteten Schicht, wie sonst üblich, je zur Hälfte den Größen s_{di} und s_{da} zuzuschlagen. Es wird gewissermaßen die zu Beginn der Tauperiode herrschende Situation für den ganzen Zeitraum angenommen.

5.08 Berechnung der aus dem Tauwasserbereich in den Außenraum diffundierenden Wassermenge:

$$i_a = \frac{p_{sw} - p_a}{1/\Delta_a} = \frac{p_{sw} - p_a}{1{,}5 \cdot 10^6 \cdot s_{da}}$$

$$i_a = \frac{2340 - 982}{1{,}5 \cdot 10^6 \cdot 600} = 1{,}509 \cdot 10^{-6} \text{ kg/(m}^2\text{.h)}$$

5.09 Die Summe $i_i + i_a$ ergibt die aus dem Dach verdunstende Wassermenge:

$$7{,}716 \cdot 10^{-6} + 1{,}509 \cdot 10^{-6} = 9{,}225 \cdot 10^{-6} \text{ kg/(m}^2\text{.h)}$$

5.10 Berechnung der während der Verdunstungsperiode aus dem Flachdach verdunstenden Wassermenge:

$W_V = (i_i + i_a) \cdot t_V$; t_V ist nach Tafel V = 2160 h,

$$W_V = 9{,}225 \cdot 10^{-6} \cdot 2160 = 0{,}020 \text{ kg/m}^2$$

$$W_V > W_T = 0{,}019 \text{ kg/m}^2$$

3.6 Berechnungsbeispiel S

Kühlraumwand

Wandaufbau

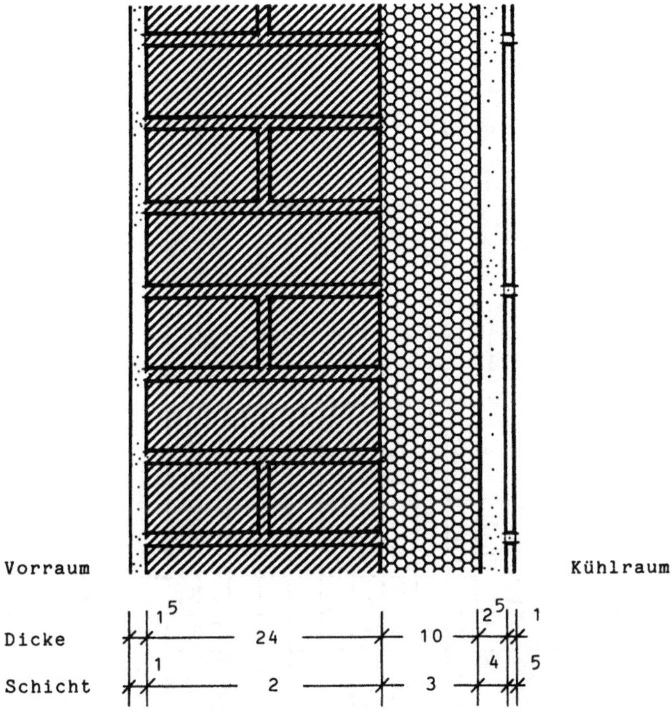

Schichtenfolge von links nach rechts:

Schicht	1	1,5 cm	Kalkmörtelputz
	2	24,0 cm	Kalksandsteine, KS 1,6
	3	10,0 cm	PS-Partikelschaum, 20 kg/m³
	4	2,5 cm	Ansetzmörtel
	5	1,0 cm	Steinzeugfliesen

Schicht	Baustoff	s m	λ_R $\frac{W}{m \cdot K}$	$\frac{1}{\alpha};\frac{s}{\lambda_R}$ $\frac{m^2K}{W}$	$\Delta\vartheta$ $\frac{m^2K}{W}$	ϑ_f K	p_s Pa	ϑ_m °C	N $\frac{m \cdot h \cdot Pa}{kg} \cdot 10^3$	μ -	$1/\Delta$ $\frac{m^2 h \cdot Pa}{kg} \cdot 10^3$	Bem.
1	2	3	4	5	6	7	8	9	10	11	12	13
	Luft					18,00	2065					
	Wärmeübergang		1/α	=0,13	0,67							
						17,33	1976					
1	Kalkmörtelputz	0,015	0,87	0,017	0,09			17,29	1493,846	15	336,115	$\frac{1}{\Delta_i}$ (Schichten 1–3)
						17,24	1963					
2	KS 1,6	0,24	0,79	0,304	1,57			16,46	1497,189	15	5389,880	
						15,67	1784					
3	PS-Partikelschaum	0,10	0,035	2,857	14,79			8,28	1532,444	30	4597,332	
						0,88	653*					
4	Ansetzmörtel	0,025	0,87	0,029	0,15			0,81	1566,358	35	1370,563	$\frac{1}{\Delta_a}$ (Schichten 4–5)
						0,73	645					
5	Steinzeugfliesen	0,01	1,0	0,01	0,05			0,71	1566,821	300	4700,463	
						0,68	645					
												*= p_{sw}
	Wärmeübergang		1/α	=0,13	0,67							
	Luft					0,00	611			$\sum 1/\Delta$	=16394,353	

Klimabereich 1 (Vorraum)

ϑ_{L1} = 18,0 °C; p_{s1} = 2065 Pa

φ_1 = 80 % ; p_1 = 1652 Pa

Klimabereich 2 (Kühlraum)

ϑ_{L2} = 0,0 °C; p_{s2} = 611 Pa

φ_2 = 80 % ; p_2 = 489 Pa

Kenndaten

$1/\Lambda$ = 3,217 m²K/W

$1/k$ = 3,477 m²K/W

k = 0,288 W/(m²K)

q = 5,177 W/m²

Untersuchung des Feuchteschutzes
Zusammenstellung der Rechengrößen für das Diffusionsdiagramm

Objekt: TSS 66.2

Bauteil: Kühlraumwand S

Blatt: 1 Dat: 9.11.83 Z.: W

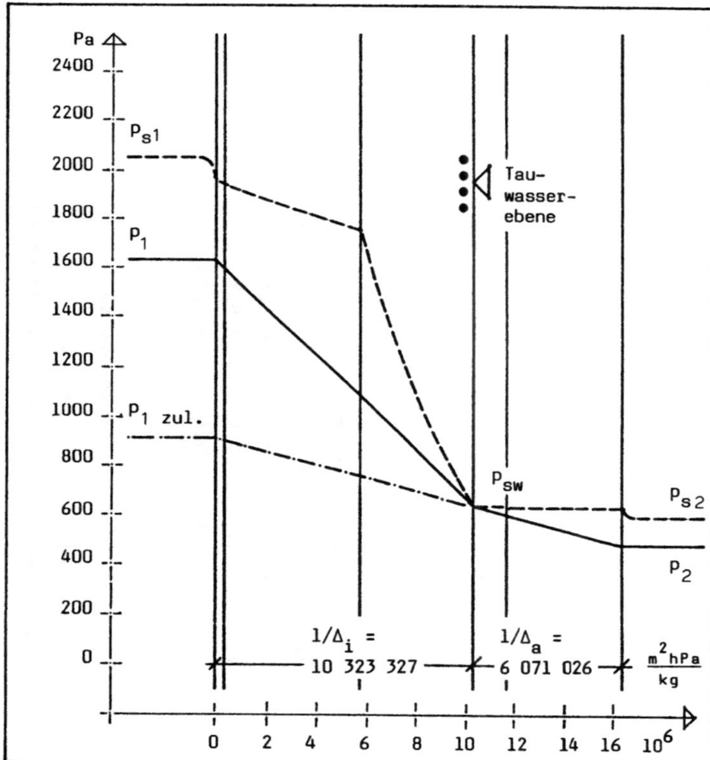

Berechnung der Tauwassermenge W_T

$$i_i = \frac{p_1 - p_{sw}}{1/\Delta} = \frac{1652 - 653}{10\ 323{,}327 \cdot 10^3}$$

$$= 0{,}096\ 771 \cdot 10^{-3}\ \ kg/(m^2.h)$$

$$i_a = \frac{p_{sw} - p_2}{1/\Delta} = \frac{653 - 489}{6\ 071{,}026 \cdot 10^3}$$

$$= 0{,}027\ 014 \cdot 10^{-3}\ \ kg/(m^2.h)$$

Im Laufe eines Jahres kondensieren in der Wand:

$$W_T = t_T \cdot (i_i - i_a)$$

$$= 8\ 760 \cdot 0{,}069\ 757 \cdot 10^{-3}$$

$$= 0{,}611\ kg/m^2$$

Zur Vermeidung einer fortschreitenden Durchfeuchtung ist eine Dampfsperre erforderlich.

Untersuchung des Feuchteschutzes
Diffusionsdiagramm und Berechnung der diffundierenden Wassermengen

Objekt: TSS 66.2

Bauteil: Kühlraumwand S

Blatt: 2 Dat.: 9.11.83 Z.: W

Checkliste zum Berechnungsbeispiel S

Kühlraumwand / Glaserverfahren

1. Zusammenstellung der Rechengrößen für das Diffusionsdiagramm

1.01 Bestimmung der Klimadaten, hier, entsprechend den örtlichen Gegebenheiten

im Klimabereich 1, dem Vorraum

ϑ_{L1} = 18 °C, p_{s1} = 2065 Pa, φ_1 = 80 %, p_1 = 1652 Pa,

im Klimabereich 2, dem Kühlraum

ϑ_{L2} = 0 °C, p_{s2} = 611 Pa, φ_2 = 80 %, p_2 = 489 Pa.

1.02 Eintragung des Wandaufbaues
der Stoffdicken
der rechnerischen Wärmeleitzahlen λ_R
in die Spalten 1,2, 3 und 4 des Formblattes:

1 Kalkmörtelputz	s = 0,015 m,	λ_R = 0,87 W/(m·K)
2 KS 1,6	0,24	0,79
3 PS-Partikelschaum	0,10	0,035
4 Ansetzmörtel	0,025	0,87
5 Steinzeugfliesen	0,01	1,0

1.03 Ermittlung der Werte $1/\alpha$ bzw. s/λ_R und deren Eintragung in die Spalte 5. Nach Tafel III ist

$1/\alpha_1 = 1/\alpha_2 = 0{,}13$ m²·K/W

$s_1/\lambda_{R1} = 0{,}015 : 0{,}87 = 0{,}017$ m²·K/W

$s_2/\lambda_{R2} = 0{,}24 : 0{,}79 = 0{,}304$

$s_3/\lambda_{R3} = 0{,}10 : 0{,}035 = 2{,}857$

$s_4/\lambda_{R4} = 0{,}025 : 0{,}87 = 0{,}029$

$s_5/\lambda_{R5} = 0{,}01 : 1{,}0 = 0{,}01$

1.04 Zusammenstellung der Kennwerte

$1/\Lambda = \Sigma s/\lambda_R = 3{,}217$ m²·K/W

$1/k = 1/\alpha_1 + 1/\Lambda + 1/\alpha_2 = 3{,}477$ m²·K/W

$k = 0{,}288\ W/(m^2 \cdot K)$

$q = 5{,}177\ W/m^2$

1.05 Berechnung der Temperatursprünge $\Delta\vartheta$ in den einzelnen Schichten nach (19) bis (23) und deren Eintragung in Spalte 6.

$\Delta\vartheta = q \cdot s/\lambda_R$ bzw. $1/\alpha$; im Bereich

des Wärmeübergangs 1:	5,177 • 0,13	=	0,67	K
der Schicht 1 :	5,177 • 0,017	=	0,09	
2 :	5,177 • 0,304	=	1,75	
3 :	5,177 • 2,857	=	14,79	
4 :	5,177 • 0,029	=	0,15	
5 :	5,177 • 0,01	=	0,05	
des Wärmeübergangs 2:	5,177 • 0,13	=	0,67	

1.06 Ermittlung der Trennflächentemperaturen ϑ_f durch Subtraktion der $\Delta\vartheta$-Werte von der Ausgangstemperatur ϑ_{L1} und deren Eintragung in Spalte 7.

$\vartheta_{L1} - \Delta\vartheta_{\text{Wärmeübergang}}$ = Wandoberflächentemperatur ϑ_{01}
18,00 - 0,67 = 17,33 °C

$\vartheta_{01} - \Delta\vartheta_{\text{Schicht 1}}$ = Trennflächentemperatur $\vartheta_{f\ 1/2}$
17,33 - 0,09 = 17,24 °C

$\vartheta_f - \Delta\vartheta_{\text{Schicht 2}}$ = Trennflächentemperatur $\vartheta_{f\ 2/3}$
17,24 - 1,57 = 15,67 °C

$\vartheta_f - \Delta\vartheta_{\text{Schicht 3}}$ = Trennflächentemperatur $\vartheta_{f\ 3/4}$
15,67 - 14,79 = 0,88 °C

$\vartheta_f - \Delta\vartheta_{\text{Schicht 4}}$ = Trennflächentemperatur $\vartheta_{f\ 4/5}$
0,88 - 0,15 = 0,73 °C

$\vartheta_f - \Delta\vartheta_{\text{Schicht 5}}$ = Wandoberflächentemperatur ϑ_{02}
0,73 - 0,05 = 0,68 °C

$\vartheta_{02} - \Delta\vartheta_{\text{Wärmeübergang}}$ = Raumlufttemperatur ϑ_{L2}
0,68 - 0,67 = 0,00 °C

1.07 Bestimmung der Sättigungsdampfdrücke p_s, die zu den

jeweiligen Trennflächentemperaturen ϑ_f gehören, nach Tafel VIII, und deren Eintragung in Spalte 8:

ϑ_{L1}	=	18,00	°C;	→	p_s =	2 065 Pa
ϑ_{01}	=	17,33	;	→	=	1 976
$\vartheta_{f\ 1/2}$	=	17,24	;	→	=	1 963
$\vartheta_{f\ 2/3}$	=	15,67	;	→	=	1 784
$\vartheta_{f\ 3/4}$	=	0,88	;	→	=	653
$\vartheta_{f\ 4/5}$	=	0,73	;	→	=	645
ϑ_{02}	=	0,68	;	→	=	645
ϑ_{L2}	=	0,00	;	→	=	611

Hierbei ist ein Interpolieren unnötig. Für die Darstellung des Sättigungsdampfdruckverlaufes im Diffusionsdiagramm ist es von hinreichender Genauigkeit, wenn die Trennflächentemperaturen auf Zehntelgrade gegerundet und danach die p_s-Drücke aus der Tafel abgelesen werden.

1.08 Errechnung der Mitteltemperaturen ϑ_m der einzelnen Schichten und deren Eintragung in Spalte 9:

$$\vartheta_{m\,1} = \vartheta_{01} - \frac{\Delta\vartheta 1}{2} = 17,33 - \frac{0,09}{2} = 17,29\ °C$$

$$\vartheta_{m\,2} = \vartheta_{f\,1/2} - \frac{\Delta\vartheta 2}{2} = 17,24 - \frac{1,57}{2} = 16,46$$

$$\vartheta_{m\,3} = \vartheta_{f\,2/3} - \frac{\Delta\vartheta 3}{2} = 15,67 - \frac{14,79}{2} = 8,28$$

$$\vartheta_{m\,4} = \vartheta_{f\,3/4} - \frac{\Delta\vartheta 4}{} = 0,88 - \frac{0,15}{2} = 0,81$$

$$\vartheta_{m\,5} = \vartheta_{f\,4/5} - \frac{\Delta\vartheta 5}{2} = 0,73 - \frac{0,05}{2} = 0,71$$

1.09 Bestimmung der Größen N, die den jeweiligen Mitteltemperaturen ϑ_m der einzelnen Schichten zugeordnet sind, nach Tafel IX, und deren Eintragung in die Spalte 10:

$\vartheta_{m\,1}$	=	17,29	°C;	→	N =	$1\,493,846 \cdot 10^3\ \frac{m \cdot h \cdot Pa}{kg}$
$\vartheta_{m\,2}$	=	16,46	;	→	=	$1\,497,189 \cdot 10^3$
$\vartheta_{m\,3}$	=	8,28	;	→	=	$1\,532,444 \cdot 10^3$

$\vartheta_{m\,4}$ = 0,81 °C; → N = 1 566,358 • 10^3
$\vartheta_{m\,5}$ = 0,71 ; → = 1 566,821 • 10^3

Auch hier ist ein Interpolieren unnötig. Es genügt, wenn die ϑ_m auf Zehntelgrade gerundet und danach die N-Werte aus der Tafel abgelesen werden.

1.10 Bestimmung der Wasserdampf-Diffusionswiderstandszahlen μ der einzelnen Baustoffe nach Tafel I und deren Eintragung in Spalte 11. Entsprechend der Fußnote 4 ist jeweils der für die Baukonstruktion ungünstigere Wert einzusetzen. Ein Tauwasserausfall ist in der Trennfläche zwischen den Schichten 3 und 4 zu erwarten. Demnach sind für die Schichten 1,2 und 3 die kleineren, für die Schichten 4 und 5 dagen die größeren der aufgeführten Werte zu wählen.

Schicht 1,	Kalkmörtelputz	μ =	15
2,	KS 1,6	=	15
3,	PS-Partikelschaum, 20 kg/m³	=	30
4,	Ansetzmörtel	=	35
5,	Steinzeugfliesen	=	300

1.11 Berechnung der Wasserdampf-Diffusionsdurchlaßwiderstände $1/\Delta = s \cdot \mu \cdot N$ der einzelnen Stoffschichten und deren Eintragung in Spalte 12, in m²·h·Pa/kg:

$1/\Delta_1$ = 0,015 • 15 • 1 493,846 • 10^3 = 336,115 •10^3
$1/\Delta_2$ = 0,24 • 15 • 1 497,189 • 10^3 = 5 389,880 •10^3
$1/\Delta_3$ = 0,10 • 30 • 1 532,444 • 10^3 = 4 597,332 •10^3
$1/\Delta_4$ = 0,025 • 35 • 1 566,358 • 10^3 = 1 370,563 •10^3
$1/\Delta_5$ = 0,01 • 300 • 1 566,821 • 10^3 = 4 700,463 •10^3

2. Glaser-Diagramm und Berechnung der diffundierenden Wassermengen

2.01 Anlage einer Abzisse mit der Eintragung eines geeigneten Maßstabes für die Wasserdampf-Diffusionsdurchlaßwiderstände, hier z.B. 10 mm ≙ 2000·10^3 m²·h·Pa/kg.

2.02 Abtragen der Wasserdampf-Diffusionsdurchlaßwiderstände der einzelnen Schichten, hier von der Außenfläche der Schicht 1 nach rechts.

2.03 Anlage einer Ordinate mit der Eintragung eines geeigneten p-Maßstabes, hier z.B. 10 mm ≙ 200 Pa.

2.04 Eintragung der für die einzelnen Trennflächen ermittelten Sättigungsdampfdrücke p_s aus der Spalte 8 des Formblattes, gegebenenfalls Ergänzung durch die gesondert zu bestimmenden Sättigungsdampfdrücke in den Schichtmitten, die den Mitteltemperaturen ϑ_m zugeordnet sind. Die Verbindung der gefundenen Punkte ergibt den Wasserdampfsättigungsdruckverlauf innerhalb des Bauteils.

2.05 Bestimmung der an den beiden Oberflächen des Bauteils vorhandenen Wasserdampfteildrücke p_1 und p_2 und deren Eintragung in das Diagramm, hier:

p_1 = 1 652 Pa; p_2 = 489 Pa.

2.06 Darstellung des Partialdruckverlaufs. Eine lineare Verbindung der beiden Punkte p_1 und p_2 ist nicht möglich (s. Seite 26 f.). Die Partialdrucklinie wird im Punkt p_{sw} zum Ausknicken gezwungen. Der Linienzug $p_1 - p_{sw} - p_2$ stellt den tatsächlichen Dampfdruckverlauf im Inneren des Bauteils dar. Eine durch p_{sw} parallel zu den Wandoberflächen gedachte Ebene kann als Tauwasserebene bezeichnet werden. Der Diffusionsstrom zerfällt in einen hineindiffundierenden und in einen hinausdiffundierenden Teil. Die Diffusionsstromdichten dieser Teile können nun nach (25) und (26) berechnet werden.

2.07 Berechnung der in die Wand hinein bis zur Tauwasserebene diffundierenden Wassermenge:

$$i_i = \frac{p_1 - p_{sw}}{1/\Delta_i} = \frac{1652 - 653}{10\ 323{,}327 \cdot 10^3}$$

$$= 0{,}096\ 771 \cdot 10^{-3}\ \mathrm{kg/(m^2 \cdot h)}$$

2.08 Berechnung der aus der Wand von der Tauwasserebene in den Kühlraum diffundierenden Wassermenge:

$$i_2 = \frac{p_{sw} - p_2}{1/\Delta_a} = \frac{653 - 489}{6\ 071{,}026 \cdot 10^3}$$

$$= 0{,}027\ 014 \cdot 10^{-3}\ \mathrm{kg/(m^2 \cdot h)}$$

2.09 Die Differenz $i_i - i_a$ ergibt die in der Wand verbleibende Wassermenge:

$$= 0{,}069\ 757 \cdot 10^{-3}\ \mathrm{kg/(m^2 \cdot h)}$$

2.10 Berechnung der im Laufe eines Jahres in der Wand ausfallenden Wassermenge:

$$W = 0{,}069\ 757 \cdot 10^{-3}\ \mathrm{kg/(m^2 \cdot h)} \cdot 8\ 760\ \mathrm{h}$$

$$= 0{,}611\ \mathrm{kg/m^2}$$

3. Bemessung der notwendigen Dampfsperre

Die klimatischen Bedingungen auf beiden Seiten der Wand ändern sich im Laufe eines Jahres nicht. Mit dem Verdunsten des ausgefallenen Tauwassers ist nicht zu rechnen. Die Wand wird mit der Zeit völlig durchfeuchtet werden und damit ihre Wärmedämmwirkung allmählich verlieren, wenn nicht auf der wärmeren Seite der Dämmschicht eine Dampfsperre angeordnet wird. In der Praxis bedient man sich in solchen Fällen meist dünner Metallfolien mit äquivalenten Luftschichtdicken $s_d > 1500$ m, die nach DIN 52 615 T1 als "praktisch dampfdicht" angesehen werden können. Wählt man jedoch ein anderes Material und will dessen Tauglichkeit überprüfen, so kann das nach Bild 15 und (39) geschehen:

3.01 Berechnung des erforderlichen Wasserdampf-Diffusionsdurchlaßwiderstandes einer notwendigen Dampfsperre:

nach

$$1/\Delta_{DS\ erf.} = \frac{(p_1 - p_{1\ zul.}) \cdot \Sigma 1/\Delta}{p_{1\ zul.} - p_2}$$

$p_{1\ zul.}$ kann mit hinreichender Genauigkeit aus dem Diffusionsdiagramm abgelesen werden (s. auch Bild 14), hier ist $p_{1\ zul.} \approx 930$ Pa. Damit wird

$$1/\Delta_{DS\ erf.} = \frac{(1652 - 930) \cdot 16\ 394{,}353 \cdot 10^3}{930 - 489}$$

$$= 26\ 840{,}41 \cdot 10^3 \ \text{m}^2 \cdot \text{h} \cdot \text{Pa/kg}$$

3.02 Wahl eines geeigneten Baustoffs, hier: Polyethylenfolie, s = 0,2 mm, beidseitig kaschiert, μ = 100 000, unterzubringen in der Trennfläche zwischen der Schicht 2 und der Schicht 3.

3.03 Nachweis ausreichender Bemessung:

$$1/\Delta_{DS\ vorh.} = s \cdot \mu \cdot N$$

N ist bei einer Trennflächentemperatur $\vartheta_{f\ 2/3} = 15{,}67$ °C = 1 500,549 · 10^3 (Tafel IX)

$$1/\Delta_{DS\ vorh.} = 0{,}002 \cdot 100\ 000 \cdot 1\ 500{,}549 \cdot 10^3$$

$$= 30\ 010{,}980 \cdot 10^3 \ \text{m}^2 \cdot \text{h} \cdot \text{Pa/kg}$$

$$> 1/\Delta_{DS\ erf.}$$

4. Konsequenzen für die Hochbaukonstruktion

Das Wissen um die Auswirkungen bauphysikalischer Vorgänge im Inneren von Bauteilen hat das Gebiet der Hochbaukonstruktion in den letzten Jahren stark beeinflußt. Konstruktionen des Hochbaues werden jetzt und in Zukunft nicht mehr nur nach konstruktiven, funktionellen, formalen und ökonomischen Gesichtspunkten beurteilt werden könnnen, sondern auch danach, in welchem Maße sie den bauphysikalischen Anforderungen genügen.

Auf den nachfolgenden Seiten soll der Versuch unternommen werden, jene Konsequenzen darzustellen, die aus den theoretischen Überlegungen des Abschnitts 2 für die Konstruktion von Wänden, Dächern und von Sonderbauteilen gezogen werden müssen.

4.1 Außenwände

Die Möglichkeiten für den Schichtaufbau von Außenwänden sind zahlenmäßig unbegrenzt.

Versucht man sie nach Gruppen zu ordnen, so wird man sehr bald feststellen, daß gemeinsame konstruktive Merkmale allein noch nicht ein gleichartiges bauphysikalisches Verhalten bewirken, sondern daß zu den konstruktiven Merkmalen entsprechende bauphysikalische Eigenschaften der verwendeten Baustoffe kommen müssen, wenn man auf gleichartige Reaktionen schließen will.

Die Problemlosigkeit früherer Außenwandkonstruktionen wird deutlich, und damit auch die Schadensfreiheit von Altbauten erklärbar, wenn man das Diffusionsdiagramm für die Tauperiode einer einschaligen Außenwand aus Mauerwerk (s. Bild 19) betrachtet. Ein gleichmäßiger Temperaturabfall bewirkt auch einen gleichförmigen Verlauf der Wasserdampfsättigungsdruckkurve. Die Einschaligkeit des Aufbaues ergibt einen linearen Wasserdampfteildruckabfall, der an keiner Stelle durch die p_s-Kurve zum Ausknicken gezwungen wird. Es fällt kein Tauwasser an. Erst eine sehr hohe relative Luftfeuchtigkeit im

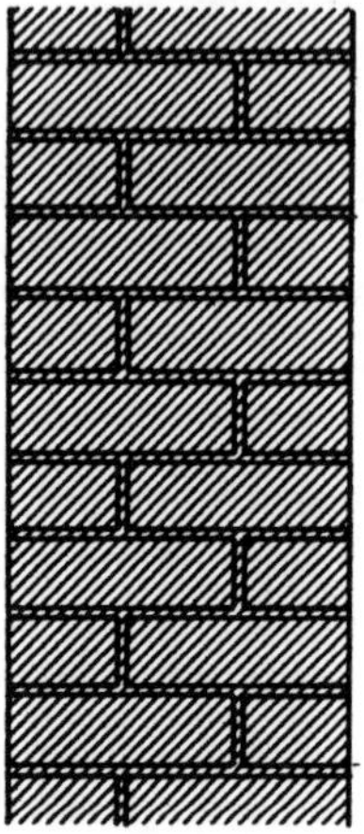
a.

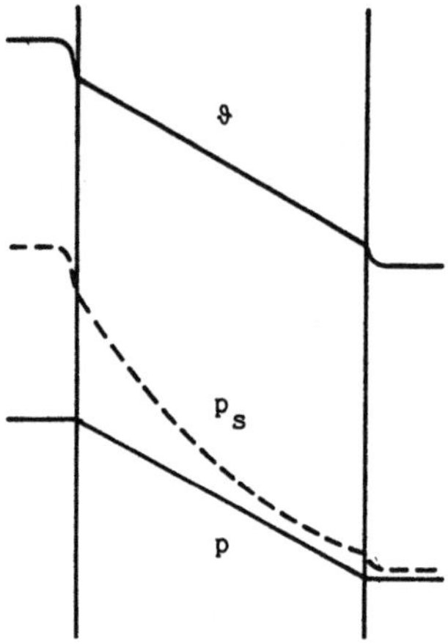

b.

Bild 19 Einschalige Außenwand ohne innere oder äußere Beschichtung, a. in normalem Maßstab, b. als Diffusionsdiagramm für die Tauperiode

Innenraum würde zur Tauwasserbildung in einem Tauwasserbereich führen.

Versieht man eine solche Außenwand mit einer äußeren Beschichtung von geringer Dicke und unbedeutender Wärmedämmung, aber großem Wasserdampf-Diffusionsdurchlaßwiderstand, so wird die Situation entscheidend verändert. Eine solche Beschichtung kann ein dichter Außenputz, aber auch eine Bekleidung aus dichtem Material wie Glasmosaik, Keramik, Betonwerkstein oder Naturstein sein (Bild 20).

Deutlich erkennbar kommt es zur Ausbildung einer Tauwasserebene, die in den meisten Fällen mit der Trennfläche hinter der äußeren Beschichtung identisch ist.

Völlig anders wirkt sich eine relativ dampfdichte Beschichtung dieser Art dagegen auf der Innenseite einer Außenwand aus (Bild 21).

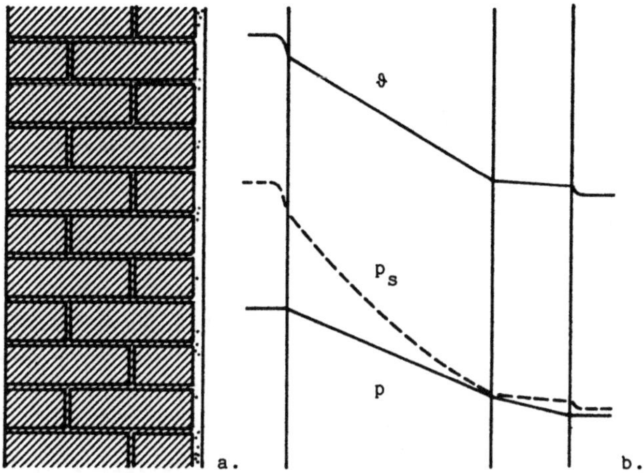

Bild 20 Einschalige Außenwand mit relativ dampfdichter äußerer Beschichtung, a. in normalem Maßstab, b. als Diffusionsdiagramm

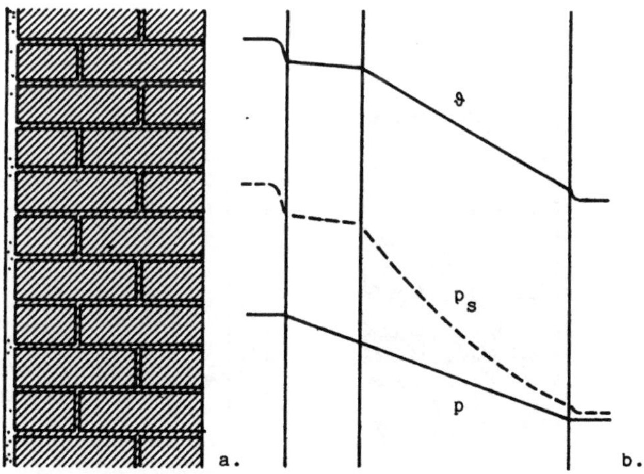

Bild 21 Einschalige Außenwand mit relativ dampfdichter innerer Beschichtung, a. in normalem Maßstab, b. als Diffusionsdiagramm

Eine solche Bekleidung, beispielsweise aus Fliesen, bremst den Diffusionsstrom in einem Maße ab, daß es nicht zum Ausknicken des Partialdruckverlaufes kommen kann. Ein Tauwasseranfall im Inneren der Wand ist kaum zu befürchten. Eher wird man bei hohen relativen Luftfeuchten mit Tauwasser auf der Wandoberfläche rechnen müssen.

Konstruktive und wirtschaftliche Gründe haben zur Ausbildung der mehrschaligen Außenwände geführt, wie sie die DIN 1053, 11.74, Mauerwerk, Berechnung und Ausführung, Blatt 1, im Abschnitt 5 beschreibt. Ein zweischaliges Mauerwerk mit Schalenfuge wird in seinem Verhalten der einschaligen Wand nach Bild 19 entsprechen, wenn die beiden Schalen aus den gleichen Baustoffen bestehen und die gleichen Rohdichten besitzen.

Verwendet man jedoch unterschiedliche Materialien, beispielsweise für die Hintermauerung einen Hochlochziegel und für die äußere Schale Hochlochklinker, so wird man, ähnlich wie in Bild 20, mit Tauwasseranfall rechnen müssen (Bild 22).

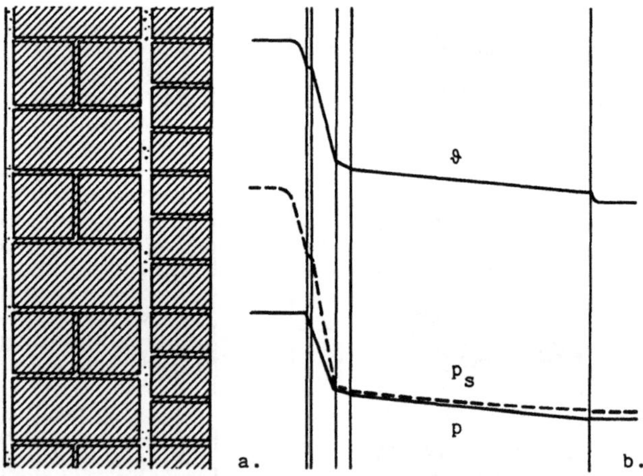

Bild 22 Zweischalige Außenwand mit Schalenfuge und äußerer Schale aus KHLz, a. in normalem Maßstab, b. als Diffusionsdiagramm

Aus diesen Beobachtungen läßt sich eine Forderung ableiten, die in früheren Jahren als klassische Grundregel für einen bauphysikalisch einwandfreien Wandaufbau angesehen wurde:

> Bei einer mehrschichtigen Außenwand sollen die Wasserdampf-Diffusionsdurchlaßwiderstände der einzelnen Schichten von innen nach außen abnehmen.

Man wird nur wenige Wandkonstruktionen finden, die dieser Forderung voll entsprechen. Sie ist in dieser Härte auch nur sinnvoll für jene Wände, in denen ein Tauwasserausfall um jeden Preis vermieden werden muß. Das gilt auch für eine ähnliche Forderung, die sich an Stelle des Wasserdampf-Diffusionswiderstandes $1/\Delta = s \cdot \mu \cdot N$ eines sogenannten Lagefaktors $= \mu \cdot \lambda$ bedient und sonst gleichlautend formuliert wurde:

> Bei mehrschichtigen Außenwandkonstruktionen sollen die Lagefaktoren der einzelnen Schichten von innen nach außen abnehmen.

Oder: Je niedriger der Lagefaktor einer Schicht ist, um so weiter außen sollte diese im Bauteil liegen.

Diese Regel versucht den entscheidenden Einfluß, den der Temperaturverlauf auf den Verlauf der Sättigungsdampfdruckkurve ausübt dadurch zu berücksichtigen, daß sie die jeweilige Wärmeleitzahl einbezieht.

Da die von Caemmerer eingeführten und von der DIN 4108 übernommenen Bewertungsmaßstäbe unter bestimmten Bedingungen eine begrenzte Tauwassermenge zulassen, wäre es unsinnig, diese Forderungen in jedem Falle als absolute Richtschnur zu benutzen. Sie sind jedoch eine wertvolle Hilfe bei der Betrachtung und Einschätzung mehrschaliger Konstruktionen. Man kann vereinfacht schließen:

> In dem Maße, in dem ein Außenwandaufbau den oben beschriebenen Regeln widerspricht, wird er zu Feuchtigkeitsansammlungen in seinem Inneren infolge Dampfdiffusion neigen.

Durch die Einfügung einer Luftschicht zwischen der inneren und der äußeren Schale kann die Schlagregensicherheit des zweischaligen Mauerwerks bedeutend erhöht werden. Die DIN 1053 regelt in Abschnitt 5.2.1 die Einzelheiten der Ausführung. Danach soll die äußere Schale unten und oben mit Lüftungsöffnungen versehen werden. Man geht hier davon aus, daß die aus dem Innenraum eindiffundierende Feuchtigkeit über die Luftschicht nach außen abgeführt werden kann (Bild 23). Nach neueren Untersuchungen ist jedoch der Anteil der Feuchtigkeit, der die Wand auf diesem Wege verläßt, gering [31]. Ein ausreichend wirksamer Luftstrom wird sich nur unter günstigen Bedingungen entwickeln können [32]. Die DIN 4108 sieht deshalb die Luftschicht als ruhend an und läßt es zu, daß diese zusammen mit der äußeren Schale in die Berechnung des Wärmedurchlaßwiderstandes einbezogen wird. Folgt man dieser Annahme bei der Untersuchung des Feuchteschutzes, so wird man mit der Ausbildung einer Tauwasserebene in der Trennfläche zwischen der Luftschicht und der äußeren Schale rechnen müssen (Bild 24). Die Auswirkungen dieser Feuchtigkeit sollten nicht überschätzt werden. Die Tauwassermassen bleiben bei üb-

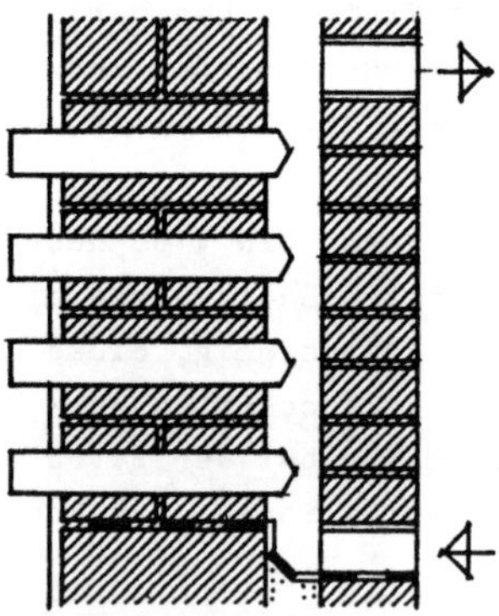

Bild 23
Zweischalige Außenwand
mit Luftschicht
nach DIN 1053

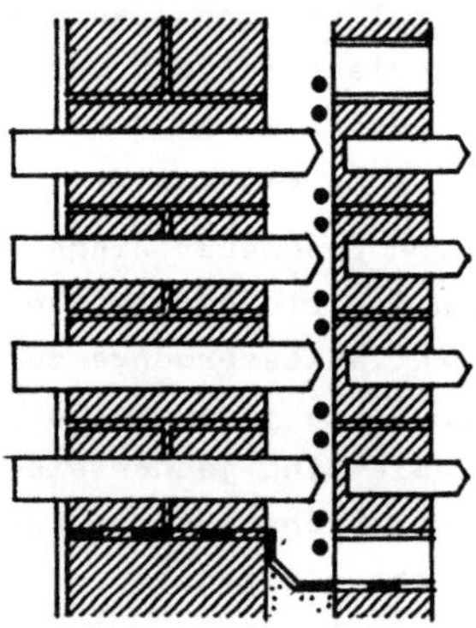

Bild 24
Zweischalige Außenwand
mit ruhend angenommener
Luftschicht

licher Materialwahl gering. Erst bei der Verwendung von Klinkern für die äußere Schale wird man größere Feuchtigkeitsmengen zu erwarten haben. Diese werden dann abtropfen und, bei sachgerechter Ausbildung der Fußpunkte, dort die Wand wieder verlassen können. Die für die Wärmedämmung wichtige innere Schale bleibt durch die Luftschicht vor einer Durchfeuchtung geschützt.

Nach der Energiekrise des Jahres 1973 sind die Anforderungen an den Wärmeschutz von Außenbauteilen ständig erhöht worden. Dies hat die schon vorher zu beobachtende Tendenz,den Wärmeschutz bei Außenwänden weitgehend zusätzlichen Schichten aus hochwertigen Wärmedämmstoffen zu übertragen, weiter verstärkt. Wände dieser Art haben ihre eigene Problematik, die sich aus den Abbildungen der Seite 134 ablesen läßt.

Zur Demonstration wurden drei Außenwandkonstruktionen aus Ziegelmauerwerk ausgewählt und mit einer zusätzlichen Dämmschicht in verschiedener Lage versehen. Einmal wurde der Dämmstoff auf der Innenseite (= Innendämmung), einmal zwischen zwei Schalen im Kern der Wand (= Kerndämmung) und einmal auf der Außenseite der Wand (= Außendämmung) angebracht. Der Wärmedurchlaßwiderstand aller drei Wände ist praktisch gleich, da die Dicken der Materialien und auch ihre Wärmeleitzahlen gleich gewählt wurden. In jedem der drei Beispiele ist im Teilbild a. zunächst der Wandaufbau im normalen Maßstab dargestellt, das Teilbild b. zeigt das zu dieser Wand gehörige Diffusionsdiagramm, wenn als Dämmstoff ein Schaumkunststoff verwendet wird, das Teilbild c. das Diffusionsdiagramm, wenn als Dämmstoff eine Mineralfaserplatte gewählt wird.

Alle drei Wandausbildungen zeigen den charakteristischen starken Abfall des Temperaturverlaufs in den Wärmedämmschichten. Diesem entspricht ein gleich starker des Wasserdampfsättigungsdruckes, der ja seinerseits temperaturabhängig ist. Bei geringem Wasserdampf-Diffusionsdurchlaßwiderstand der Dämmschicht, wie im vorliegenden Falle bei der Mineralfaserplatte, wird der Abfall besonders steil erfolgen, mithin

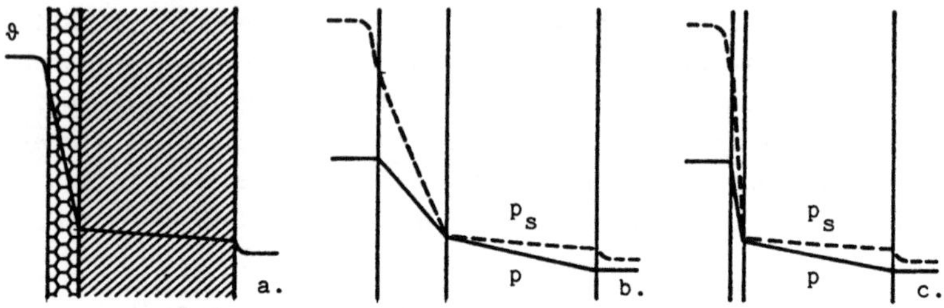

Bild 25 Außenwand mit Innendämmung, a. in normalem Maßstab, b. als Diffusionsdiagramm bei Verwendung von Schaumkunststoff, c. als Diffusionsdiagramm bei der Verwendung von Mineralfaserplatten als Wärmedämmung

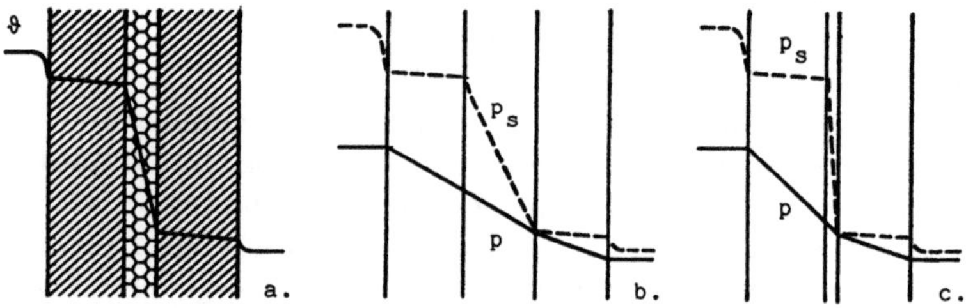

Bild 26 Außenwand mit Kerndämmung, a. in normalem Maßstab, b. als Diffusionsdiagramm bei Verwendung von Schaumkunststoff, c. als Diffusionsdiagramm bei der Verwendung von Mineralfaserplatten als Wärmedämmung

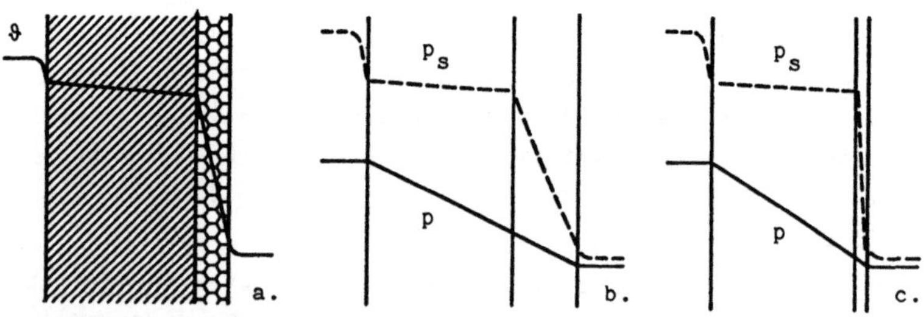

Bild 27 Außenwand mit Außendämmung, a. in normalem Maßstab, b. als Diffusionsdiagramm bei Verwendung von Schaumkunststoff, c. als Diffusionsdiagramm bei der Verwendung von Mineralfaserplatten als Wärmedämmung

aber auch die Gefahr des Ausknickens der Wasserdampfteildrucklinie - ein Zeichen der Tauwasserbildung - besonders groß werden.

Bild 25 zeigt, daß es bei einer Innendämmung bei jedem der beiden Dämmstoffe Tauwasser in der Wand geben wird. Die Berechnungen ergeben, daß die Wassermengen bei der Verwendung von Mineralfaserplatten erheblich größer sein werden als beim Schaumkunststoff.

Auch die Kerndämmung in Bild 26 führt zur Bildung von Tauwasserebenen. Die Berechnungen ergeben, daß zwar immmer noch die Feuchtigkeitsmengen bei der Verwendung von Mineralfaserplatten größer sind als beim Schaumkunststoff, daß aber sowohl die Mengen als auch die Differenzen geringer werden als bei der Innendämmung.

Lediglich die Außendämmung zeigt keinerlei Tauwasserbildung, weder bei dem einen, noch bei dem anderen Dämmstoff. Ein durchaus einleuchtendes Ergebnis, wenn man die Situation im jeweiligen Diffusionsdiagramm genauer betrachtet. Der Abfall des Wasserdampfsättigungsdruckes erfolgt so, daß eine Berührung mit der Partialdrucklinie unmöglich wird. Allerdings kann dieser so günstige Zustand durch die Anordnung einer dichteren äußeren Beschichtung wie in Bild 28 sofort ins Negative verändert werden, wie ja überhaupt der Schutz von Außendämmungen ein konstruktives Problem ist, das erst durch die hinterlüftete Fassade seine optimale Lösung gefunden hat.

Auf die Probleme, die jenen Schutzschichten, die direkt auf die Wärmedämmschicht aufgebracht werden, aus den Wärmebeanspruchungen, wie Wärmestau und Längenänderungen erwachsen, sei hier nur ergänzend hingewiesen.

Die aus der Untersuchung dieser drei Wandbauarten gewonnenen Einsichten für den Aufbau von Außenwänden mit zusätzlichen Dämmschichten lassen sich wie folgt zusammenfassen:

1. Dämmschichten mit größeren Wasserdampf-Diffusionsdurchlaßwiderständen führen bei Außenwänden mit Kern- oder Innendämmung zu geringeren Tauwasser-

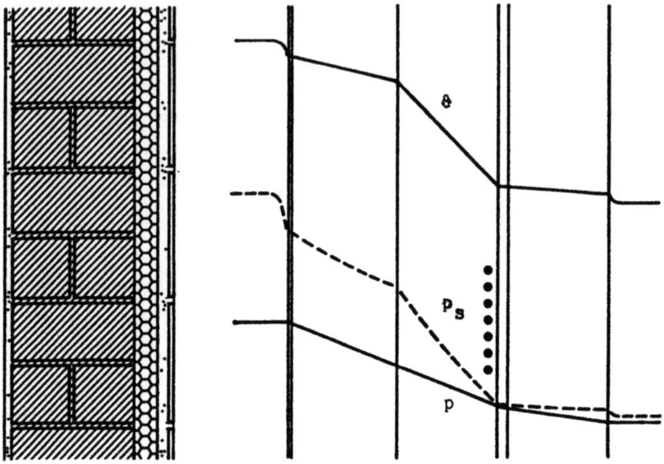

Bild 28 Außenwand mit Außendämmung und äußerer Schutzschicht aus keramischem Material im Mörtelbett.

bildungen als Wärmedämmschichten mit gleicher Wärmeleitfähigkeit aber geringerem Wasserdampf-Diffusionsdurchlaßwiderstand.

2. Je weiter eine Dämmschicht in ihrer Lage nach außen rückt, um so kleiner wird die Tauwassermenge.

3. Die ideale Lage des Dämmstoffs ist bei der Außendämmung gegeben. Wird die außen liegende Dämmschicht nicht durch einen unmittelbar aufliegenden Wetterschutz abgedeckt, so wird kein Tauwasser ausfallen.

Dieser letzten Feststellung folgt die in der Praxis sich immer mehr durchsetzende Außenwand mit außen liegender Wärmedämmschicht und hinterlüfteter Fassade. Bild 29 zeigt einen solchen Wandaufbau, wie er heute in mannigfachen Materialkombinationen herstellbar ist.

Bauphysikalisch unterscheidet sich diese Außenwand von der zweischaligen Außenwand mit Luftschicht nach DIN 1053 durchaus. Die Luftschicht und die äußere Schale der hinterlüfteten Fassade werden bei der Ermittlung des Wärmedurchlaßwiderstandes nicht mitgerechnet. Leichte äußere Schalen aus oft kleinformatigen Platten aus Faserzement, Kunststoff oder Metall sowie schwere Schalen aus Beton, Naturstein oder keramischen Stoffen haben meist einen hohen Anteil von Fugen, die nicht luftundurchlässig abgeschlossen sind; ihre oberen und unteren Abschlüsse weisen in der Regel über ihre ganze Länge Belüftungs- und Entlüftungsöffnungen auf, die nur durch Insektenschutzgitter in ihren Querschnitten eingeengt werden. Auf diese Weise kommt aus den Einflüssen von Auftrieb und Wind ein, wie man annimmt, pulsierender Luftaustausch zustande, der für die Abführung eindiffundierender Feuchtigkeit ausreicht. Ein Abstand von im Mittel 2 cm wird dabei im allgemeinen als ausreichend angesehen. Wird aus irgendeinem Grunde der Luftaustausch behindert, so reichert sich der Luftraum mit Feuchtigkeit an, es erhöht sich die relative Luftfeuchtigkeit, was in Verbindung mit einer Abkühlung der äußeren Schale zur Bildung von Tauwasser oder im Winter von Reif führen kann. Feuchtigkeitsansammlungen dieser Art müssen nicht unbedingt Bauschäden zur Folge haben, da das Wasser meist abtropfen kann, ohne weitere Bauteile zu beeinträchtigen. Die mit der Feuchtigkeit in Berührung kommenden Stoffe, in diesem Falle die äußere Schale mit ihrer Unterkonstruktion und ihren Verankerungen, müssen fäulnis- und korrosionsfest sein.

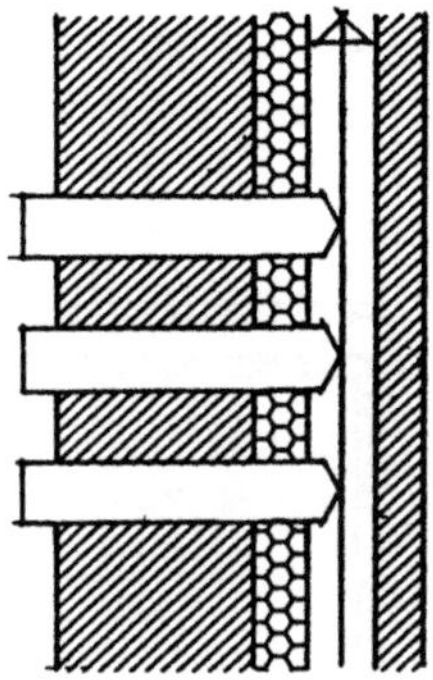

Bild 29
Außenwand mit Außendämmung und hinterlüfteter Fassade

Leichte Außenwände, wie man sie bei Fertigteilbauten als tragende oder nichttragende Elemente, oder bei Gerippebauten als Vorhangfassaden antrifft, sind bauphysikalisch gesehen meist dampfdichte Konstruktionen. Ihre Dichtigkeit wird zu einem Teil durch die Verwendung dampfdichter Materialien, wie Metall oder Glas, zum anderen Teil durch die Beschichtung nicht dampfdichter Baustoffe, wie Holz oder Asbestzement mit stark sperrenden Schichten mit hohem Wasserdampf-Diffusionsdurchlaßwiderstand, meist Kunststoffen, erreicht. Auch hier können belüftete und unbelüftete Wandkonstruktionen unterschieden werden.

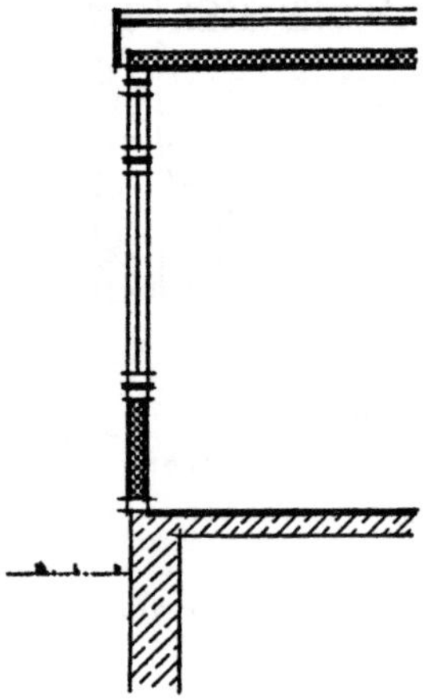

Bild 30
Schnitt durch ein Fertigteilhaus mit unbelüfteten Wandelementen

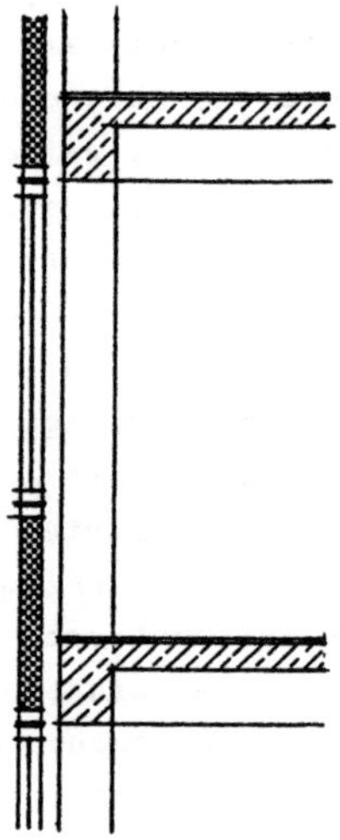

Bild 31
Schnitt durch einen Gerippebau mit unbelüfteten Außenwandelementen

Bei den unbelüfteten Wänden ist es wichtig, daß in ihren nichttransparenten Teilen ein dampfdichter Einschluß der dort angebrachten Dämmstoffe erfolgt. Wasser, das in den Dämmstoff eines Brüstungselementes eindiffundiert und dort kondensiert ist, geht bei der Aufheizung des Elements in den Sommermonaten wieder in den dampfförmigen Zustand über. Die dabei erfolgende Volumenvergrößerung führt zum Ausbeulen der umschließenden Bleche. Eine bewährte Möglichkeit der Elementausbildung liegt in der Verwendung von dampfdichten Stoffen, wie sie z.B. in Bild 33 dargestellt ist. Foamglas ist ein Dämmstoff aus geschäumtem Glas, der weder wasseraufnahmefähig noch wasserdampfdurchlässig ist.

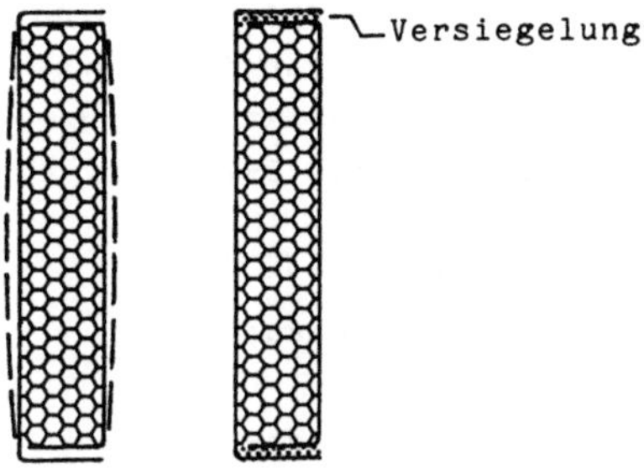

Bild 32
Eindiffundierende Feuchtigkeit führt bei nicht dampfdichtem Einschluß des Dämmstoffes zu Verformungen

Bild 33
Beispiel eines Außenwandelements (Sandwichplatte) aus dampfdichtem Dämmstoff

Die belüfteten Vorhangfassaden, gelegentlich auch "Kaltfassaden" genannt, sind im wesentlichen bei einer Konstruktionsform anzutreffen, die die Wärmedämmung und Wärmespeicherung vorhandener oder eingeplanter massiver Brüstungen nutzen will (Bild 34). In der Außenhaut werden in einem solchen Falle keine wärmedämmenden Materialien zur Verwendung kommen, da sie durch die nötwendige Hinterlüftung unwirksam wären. Sie werden auf den Außenflächen der Brüstungen und der Unterzüge angeordnet. Ein sorgfältig gedämmter und

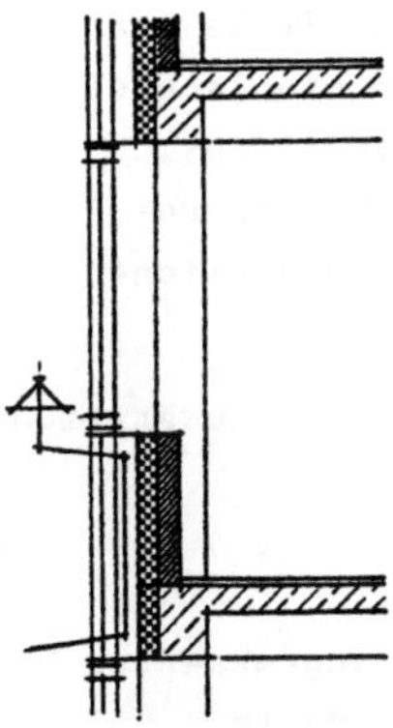

Bild 34
Belüftete Vorhangfassade

gedichteter Abschluß des belüfteten Raumes gegen den Innenraum ist erforderlich. Die bauphysikalischen Verhältnisse sind jenen ähnlich, die bei der schweren massiven Außenwand mit hinterlüfteter Fassade zu beobachten waren. Die Größenordnung des Luftaustausches darf hier nicht überschätzt werden. Der Auftrieb ist geringer, der Luftstrom wird durch die Umlenkungen meist stark behindert. Die Gefahr der Tauwasserbildung an der Innenfläche der Außenschale ist groß. Für eine Abtropfmöglichkeit muß gesorgt werden (Bild 35).

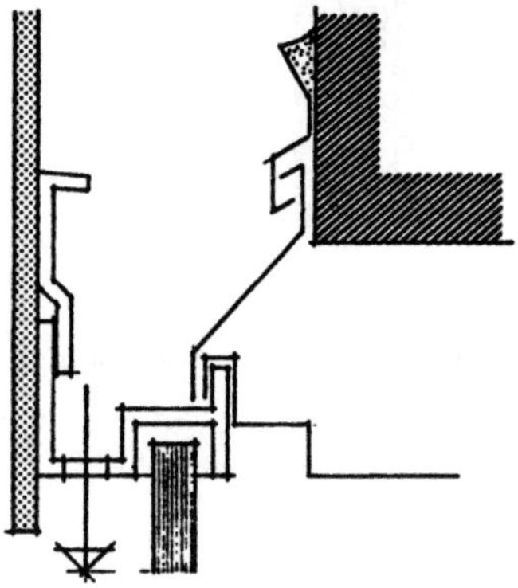

Bild 35
Konstruktionsdetail
der Außenhaut
der Chase Manhattan Bank
New York
von Skidmore, Owings and
Merill
(schematisiert)

Die DIN 4108 nennt in ihrem Teil 3 eine Reihe von Außenwänden mit ausreichendem Wärmeschutz, für die ein rechnerischer Nachweis des Tauwasserausfalls infolge Dampfdiffusion unter den dort festgelegten Klimabedingungen nicht erforderlich ist. Hierzu gehören die Mauerwerksarten aus künstlichen Steinen nach DIN 1053 Teil 3, wie

ein- und zweischaliges Mauerwerk ohne zusätzliche Wärmedämmschicht mit

- außenseitigem Putz
- außenseitiger Verblendung
- außenseitig angemörtelter oder angemauerter Bekleidung nach DIN 18 515 (Fugenanteil mindestens 5%),

zweischaliges Mauerwerk mit Luftschicht, mit oder ohne zusätzlicher Wärmedämmschicht einschaliges Mauerwerk mit zusätzlicher Wärmedämmschicht

- außenseitig angebracht, mit mineralischem Außenputz oder Kunstharzputz (s_d des Putzes $\leq$ 4,0 m),
- außenseitig mit hinterlüfteter Bekleidung
- raumseitig angebracht (s_d der Dämmschicht und des Putzes $\geq$ 0,5 m), mit Außenputz oder hinterlüfteter Bekleidung,
- raumseitig, aus Holzwolle-Leichtbauplatten nach DIN 1101, außen mit Sichtmauerwerk (keine Klinker) oder verputzt oder mit hinterlüfteter Bekleidung.

Ferner nennt die DIN 4108 eine Reihe von Betonwänden, wie

Wände aus gefügedichtem Leichtbeton nach DIN 4219 ohne zusätzliche Wärmedämmschicht,

Wände aus bewehrtem Gasbeton nach DIN 4223 E ohne zusätzliche Wärmedämmschicht mit

- außenseitigem Kunstharzputz (s_d des Putzes $\leq$ 4,o m),
- außenseitiger hinterlüfteter Bekleidung oder hinterlüfteter Vorsatzschale,

Wände aus haufwerksporigem Leichtbeton nach DIN 4232 ohne zusätzliche Wärmedämmschicht mit

- beidseitigem Verputz
- außenseitiger hinterlüfteter Bekleidung,

Wände aus Normalbeton nach DIN 1045 oder gefügedichtem Leichtbeton mit außenseitiger Wärmedämmschicht und

- außenseitigem Putz nach DIN 18 550
- außenseitigem Kunstharzputz
- außenseitiger Bekleidung
- außenseitiger Vorsatzschale.

Bei Wänden in Holzbauart kann auf den Nachweis verzichtet werden bei

Wänden mit innenseitiger Dampfsperre ($s_d \geq$ 10 m) und

- äußerer Beplankung aus Holz oder Holzwerkstoffen ($s_d \leq$ 10 m)
- hinterlüftetem Wetterschutz.

Die DIN 4108 hat mit dieser Aufzählung auf eine vereinfachende Weise die Konsequenzen aus den oben beschriebenen Einsichten gezogen und in überschaubare Regeln umgeformt. Sie trägt damit aber auch der Tatsache Rechnung, daß manche Konstruktionen, von denen man aus jahrelanger Erfahrung weiß, daß sie durch Tauwasserausfall nicht gefährdet sind, bei einer rechnerischen Überprüfung unter den genannten schematisierten klimatischen Bedingungen des Rechenverfahrens der Norm bedenkliche Ergebnisse zeigen. Es sei hier daran erinnert, daß alle Berechnungsverfahren von vereinfachenden Annahmen ausgehen. Sie unterstellen, wie bereits auf Seite 45 ausgeführt wurde, daß die Bauteile trocken und die Baustoffe nicht hygroskopisch sind und daß sich dem Diffusionsvorgang keine kapillare Feuchtigkeitsleitung überlagert.

4.2 Dächer

Bei der Betrachtung der Wände wurde deutlich, daß es unter bestimmten Umständen ein gruppentypisches Verhalten von belüfteten und unbelüfteten Bauteilen gibt. Man wird sich bei der Untersuchung von Dachkonstruktionen zweckmäßigerweise der gleichen Unterscheidung bedienen.

Bei den unbelüfteten Dächern seien zunächst die massiven schweren Flachdächer mit außenliegenden Wärmedämmschichten und Dachabdichtungen aus Dachdichtungsbahnen oder Folien genannt.

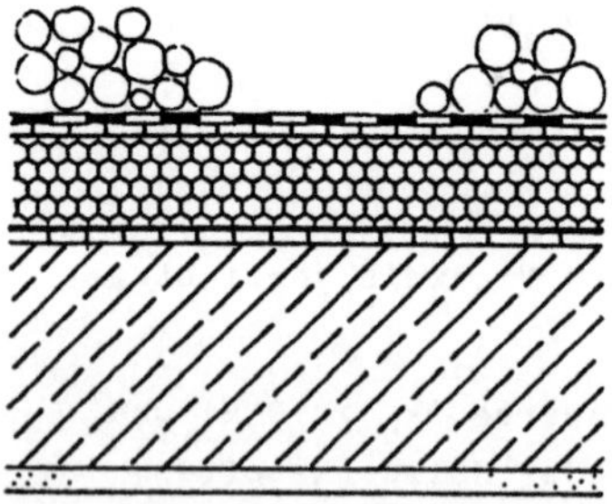

1. Kiesschüttung
2. Dachhaut, ggf. mehrlagig
3. Dampfdruckausgleichschicht
4. Wärmedämmschicht
5. Dampfsperre
6. Ausgleichschicht
7. Voranstrich
8. Tragdecke
9. Putz

Bild 36
Massives Flachdach (Kiesschüttdach)

Die Ausführung nach Bild 36 zeigt den schon fast klassisch zu nennenden Flachdachaufbau aus einer Reihe von Schichten, von denen jede einzelne eine bestimmte konstruktive oder bauphysikalische Aufgabe zu erfüllen hat:

1. Kiesschüttung	Schutz der Dachhaut vor der Einwirkung der Sonnenstrahlen und vor mechanischen Beschädigungen
2. Dachhaut	Abdichtung des Bauwerks gegen Niederschlagswasser.
3. Dampfdruckausgleichschicht	Schutz der Dachhaut vor den Auswirkungen von örtlichen Dampfdruckunterschieden. Bei der Verlegung der Dämmschicht kann Feuchtigkeit eingeschlossen werden, oder es diffundiert Dampf durch Undichtigkeiten in der Dampfsperre bis unter die Dachhaut und kondensiert dort. Die Volumenvergrößerung beim Übergang in den dampfförmigen Zustand bewirkt an dieser Stelle einen Überdruck gegenüber der Außenluft. Dieser Überdruck kann sich durch die Hohlräume der Schicht ausgleichen und führt nicht zur Blasenbildung.
4. Dämmschicht	Schutz des Bauwerks vor Wärmeverlusten, Schutz der Konstruktion vor den Auswirkungen von Temperaturunterschieden.
5. Dampfsperre	Schutz der Wärmedämmschicht vor unzulässigem Tauwasserausfall.
6. Trenn- und Ausgleichschicht	Schutz der Folgeschichten gegen Rauhigkeit und chemische Einflüsse aus der Unterlage. Überdeckung geringfügiger Risse in Tragkonstruktion.

7. Voranstrich — Bindung von Staub zur besseren Haftung der Klebemittel.
8. Tragdecke — Aufnahme von Lasten und Begrenzung der darunterliegenden Räume.
9. Putz — Schaffung einer ebenen Deckenuntersicht.

Diffusionstechnisch gesehen ist ein solcher Dachaufbau durchaus ungünstig. Die äußere Schicht besteht aus einem Baustoff mit großer Wasserdampf-Diffusionswiderstandszahl. Man begeht hier jenen Regelverstoß, den man bei Wandkonstruktionen zu vermeiden so ängstlich bemüht ist. Man erkennt diesen Fehler und versucht ihn zu korrigieren, indem man durch eine Dampfsperre auf der warmen Seite der Dämmschicht die Wasserdampfdiffusion weitgehend oder sogar völlig unterbindet.

Es leuchtet ein, daß eine solche empfindliche Konstruktion nur dann einwandfrei funktionieren kann, wenn alle Schichten ihre Aufgaben voll erfüllen. Falsche Materialwahl, kleinste Fehler bei der Verlegung oder spätere Beschädigungen können eine Kette von Folgeschäden nach sich ziehen.

So hat die Anfälligkeit dieses Schichtaufbaues bald zu anderen Lösungsvorschlägen geführt. Bild 37 zeigt ein Sperrbetondach mit innenliegender Wärmedämmung. Den Wetterschutz übernimmt hier der Sperrbeton. Der Schichtaufbau ist wesentlich einfacher geworden. Diffusionstechnisch stellen sich die gleichen Probleme wie bei einer Betonwand mit Innendäm-

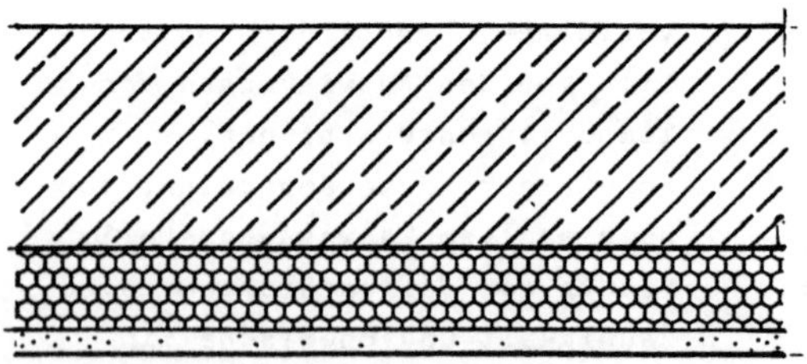

1. Sperrbetondachdecke
2. Wärmedämmschicht
3. Deckenputz

Bild 37 Sperrbetondachdecke mit innenliegender Wärme dämmung

mung: Der Dämmstoff muß sorgfältig ausgewählt werden. Seine Wasserdampf-Diffusionswiderstandszahl darf nicht zu klein sein. Berechnungen ergeben, daß bei einem Schaumkunststoff zwar ein Tauwasserausfall in der Tauperiode zu erwarten ist, dieser aber in der Verdunstungsperiode wieder völlig verschwindet. Ein konstruktives Problem sind die auftretenden Längenänderungen der Dachplatte, die nicht mehr durch eine Wärmedämmschicht vor Temperaturschwankungen geschützt ist. Diese Formänderungen müssen durch geeignete Gleitlager aufgefangen werden.

Eine weitere Alternative ist das sogenannte "umgekehrte" Flachdach, das zunächst durch seine fehlende Dachhaut verblüfft:

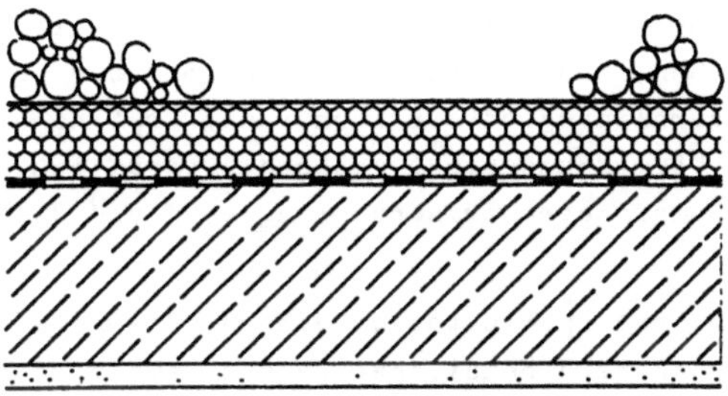

1. Kiesschüttung
2. Wärmedämmschicht (extrudierte oberflächenverdichtete PS-Hartschaum-Dachplatten)
3. Dachhaut
4. Tragdecke
5. Putz

Bild 38 Das umgekehrte Flachdach

Ausgehend von der Überlegung, daß ein feuchtigkeitsunempfindlicher, frostbeständiger, nicht oder kaum wasseraufnahmefähiger Dämmstoff von hinreichender Festigkeit, wie er sich aus oberflächenverdichteten Kunststoff- Hartschäumen durchaus herstellen läßt, nicht mehr von einer Dachhaut geschützt werden muß, drehte man den bisherigen Aufbau einfach um. Jetzt schützt der Dämmstoff die Dachhaut. Der Schichtaufbau wird vereinfacht. Das Dach wird nahezu wartungsfrei. Die einzige dampfsperrende Schicht liegt auf der richtigen, der warmen Seite der Dämmschicht. Diffusionstechnische Probleme treten nicht mehr auf.

Noch einfacher wird der Schichtaufbau bei unbelüfteten Flachdächern aus Gasbeton. Hier übernimmt der Gasbeton nicht nur die Funktion der Tragdecke, sondern auch die der Wärmedämmschicht:

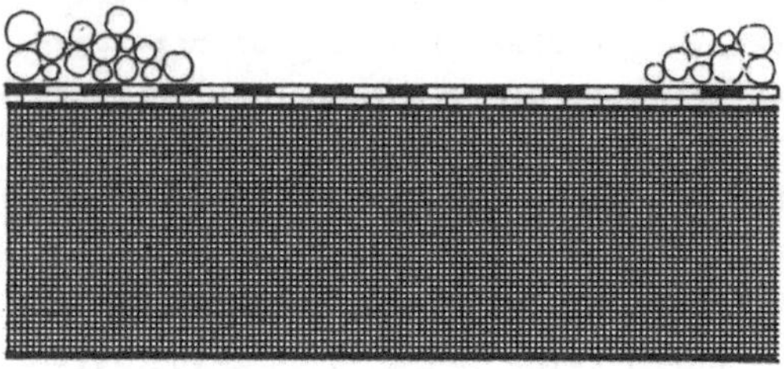

1. Kiesschüttung
2. Dachhaut, ggf. mehrlagig
3 Dampfdruck-Ausgleichschicht
4. Voranstrich
5. Gasbeton-Dachplatten

Bild 39 Einschaliges Flachdach aus Gasbeton

Die Kapillarwirkung dieses Baustoffes bewirkt, wie jahrelange Erfahrungen gezeigt haben, daß zusätzliche Maßnahmen zur Begrenzung einer Tauwasserbildung entbehrlich sind. Erst dann, wenn eine zusätzliche Wärmedämmschicht notwendig wird, muß, wie in Bild 36, eine Dampfsperre zwischen Tragdecke und Dämmstoff angeordnet werden.

Die DIN 4108 verzichtet bei unbelüfteten Dächern, die gelegentlich auch als "Warmdächer" bezeichnet werden, auf eine Überprüfung des Feuchteschutzes unter den von ihr schematisierten Klimabedingungen, wenn diese unterhalb oder in der Wärmedämmschicht eine Dampfsperre ($s_d \geq 100$ m, ohne Berücksichtigung der Klebemassen) aufweisen und wenn der Wärmedurchlaßwiderstand der Bauteilschichten vom Innenraum bis zur Dampfsperre nicht mehr als 20 % des Gesamtwärmedurchlaßwiderstandes beträgt. Ebenso ist für oben beschriebene Gasbetondächer ein Nachweis nicht erforderlich.

Die Urform des belüfteten Daches ist das Steildach mit nicht ausgebautem Dachraum, wie es Jahrhunderte hindurch gebaut wurde (Bild 40). In den Dachraum hineindiffundierender Dampf konnte durch Dachfenster, aber auch durch die natürlichen Undichtigkeiten der Ziegeldeckung nach außen entweichen. In neuerer Zeit hat auch das Ziegeldach seine bauphysikalische

Problematik erhalten. Der Ausbau des Dachraumes, der höhere Anfall von Feuchtigkeit durch das Bewohnen führte zu stärkeren Wasserdampf-Diffusionsströmen, die ihrerseits durch eine dichter gewordene Dachdeckung, aber auch durch zum Schutz gegen Feuchtigkeit von außen angeordneten Unterspannbahnen oder Unterdächer nur schwer in den Außenraum gelangen können (Bild 41). Besondere Maßnahmen zur Verhinderung von Tauwasserausfall werden notwendig.

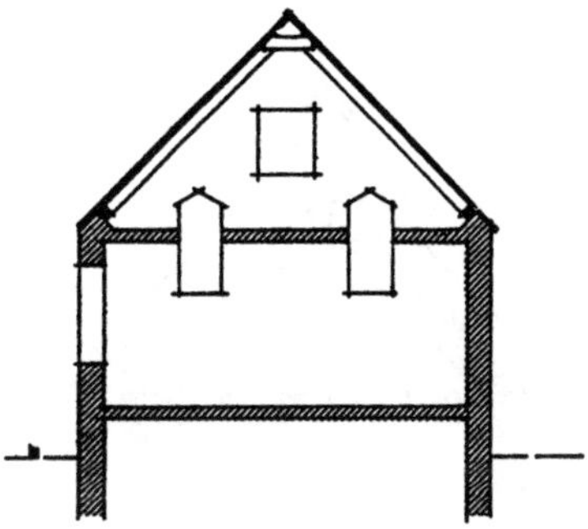

Bild 40
Das nicht ausgebaute Steildach

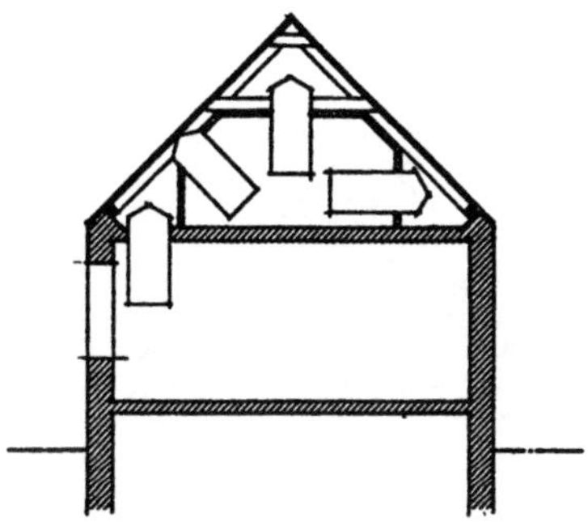

Bild 41
Das ausgebaute Steildach

Die DIN 4108 stellt für die in Bild 42 wiedergegebenen belüfteten Dächer mit Neigungen > 10° folgende Bedingungen, wenn auf einen Nachweis des Feuchteschutzes verzichtet werden soll:

Die diffusionsäquivalente Luftschichtdicke s_d der unterhalb der Lüftungsschicht angeordneten Bauteilschichten müssen in Abhängigkeit von der Sparrenlänge a bemessen werden:

$a \leq 10$ m : $s_d \geq 2$ m
$a \leq 15$: $s_d \geq 5$ m
$a > 15$: $s_d \geq 10$ m

Der freie Lüftungsquerschnitt der an jeweils zwei

gegenüberliegenden Traufen angebrachten Öfnnungen muß mindestens 2 °/₀₀ der zugehörigen geneigten Dachfläche, mindestens jedoch 200 cm² je m Traufe, die Lüftungsöffnungen am First müssen mindestens 0,5 °/₀₀ der gesamten geneigten Dachfläche betragen.

Der freie Lüftungsquerschnitt innerhalb des Dachbereichs über der Wärmedämmschicht muß im eingebauten Zustand mindestens 200 cm² je m senkrecht zur Strömungsrichtung und eine freie Höhe von mindestens 2 cm aufweisen.

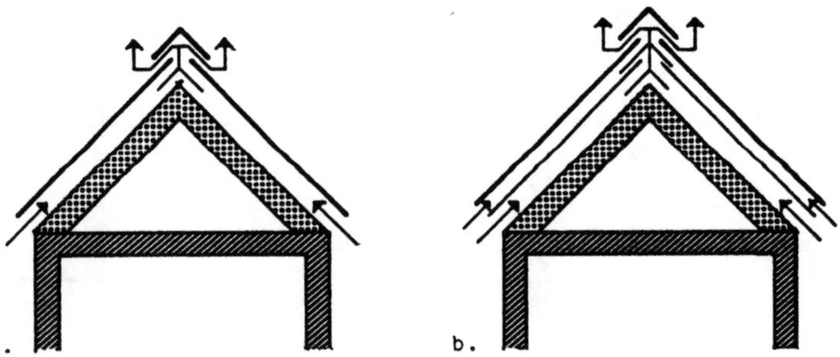

a. b.

Bild 42 Schematisierte Darstellung von belüfteten Dächern mit Dachneigungen $\geq$ 10° nach DIN 4108, a. ohne zusätzliche Maßnahmen. b. mit Unterdach

Je flacher das Dach wird, um so schwieriger wird es, eine wirkungsvolle Durchlüftung der Dachkonstruktion zu erreichen. Für Dächer mit Neigungen < 10° nach Bild 43 fordert die DIN 4108:

> Die diffusionsäquivalente Luftschichtdicke s_d der unterhalb der Lüftungsschicht angeordneten Bauteilschichten muß mindestens 10 m betragen.
>
> Der freie Lüftungsquerschnitt der an mindestens zwei gegenüberliegenden Traufen angebrachten Öffnungen muß mindestens 2 °/₀₀ der gesamten Dachgrundrißfläche groß sein.

Der freie Lüftungsquerschnitt innerhalb des Dachbereichs über der Dämmschicht muß im eingebauten Zustand eine Höhe von mindestens 5 cm aufweisen.

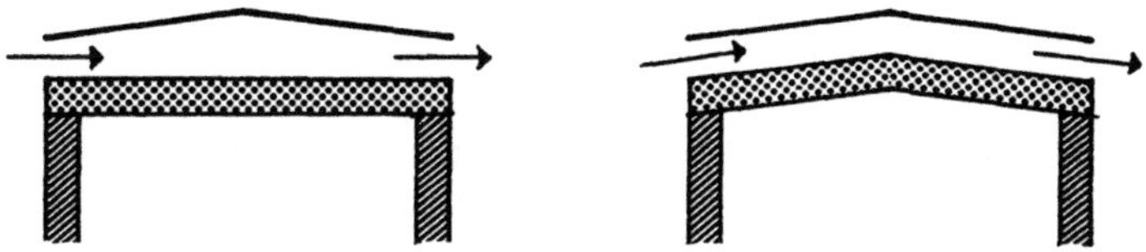

Bild 43 Schematisierte Darstellung von belüfteten Dächern mit Dachneigungen < 10° nach DIN 4108

Die Festlegungen der Höhen der Lüftungsschichten sind in der Praxis umstritten. Zwar fordert eine Fußnote in der Norm, daß baustellenbedingte Ungenauigkeiten und Maßtoleranzen bei der Planung zu berücksichtigen sind, doch dieser Hinweis bleibt ungenau, er wird zudem leicht übersehen. Hier sind die technischen Regeln, wie sie in den Flachdachrichtlinien [30] formuliert sind, praxisgerechter. Diese fordern für die freie Höhe des Lüftungsraumes für die

Dachneigungsgruppe	I	(≤ 3°)	: ca. 20 cm
	II und III	(> 3°-≤ 20°)	: ca. 10 cm
	IV	(> 20°)	: ca. 5 cm

Diese Maße dürfen an keiner Stelle unterschritten werden. Es wird eindringlich darauf hingewiese, daß die Lüftungswege gerade verlaufen sollten und daß Vorsprünge sowie in den Luftraum hineinragende Bauteile die Luftströmung behindern und zusätzliche Maßnahmen erfordern.

4.3 Sonderbauteile

Nicht nur bei Außenwänden und Dächern, sondern auch an den übrigen Teilen der äußeren Hüllflächen von Gebäuden, bei den Fenstern, Türen und anderen Öffnungsverschlüssen sind die Auswirkungen der Wasserdampfdiffusion zu beobachten. Tauwasbildungen im Inneren dieser empfindlichen Konstruktionen können sowohl die Rahmen und Flügel als auch die mehrscheibigen Isolierverglasungen schädigen.

Vollsatte Falzausfüllungen mit formbaren Dichtstoffen, wie sie bei Holzfenstern zulässig sind, werden bei sorgfältiger Ausführung der Verglasung einen Tauwasserausfall im Falz verhindern. Bei der Verglasung von Kunststoff- oder Metallfenstern mit Hilfe von Dichtungsprofilen oder anderen Systemen mit freiem Falzraum wird man für einen Dampfdruckausgleich und eine Glasfalzentwässerung sorgen müssen, um das im Falzraum entstehende Kondensat nach außen abführen zu können.

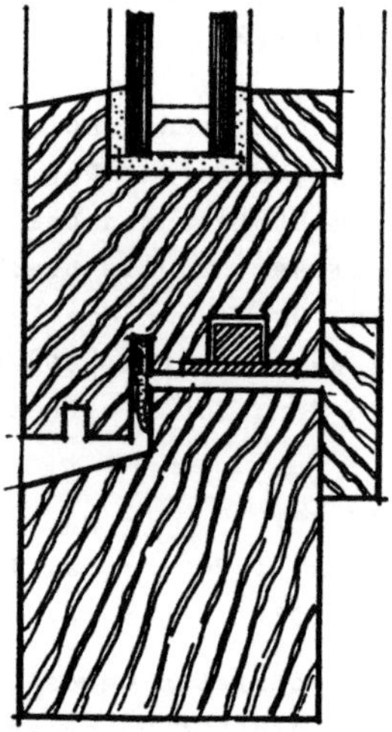

Bild 44
Verglasung eines Holzfensters mit formbaren Dichtstoffen

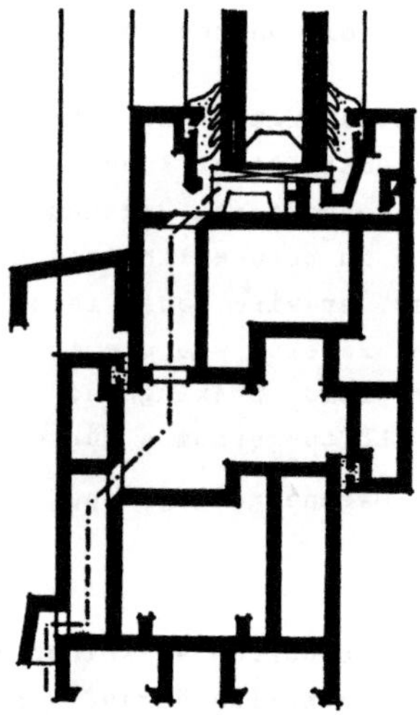

Bild 45
Verglasung eines Kunststofffensters mit Dichtungsprofilen und Falzentwässerung

H. Klopfer [25] hat die Feuchtigkeitsverteilung in Fensterrahmen aus Holz, die als allseitig beschichtete poröse Bauteile angesehen werden können, untersucht und beschrieben. Er weist darauf hin, daß sich das im beschichten Holz eines Fensterrahmens enthaltene Wasser im Winterhalbjahr an der Außenseite konzentriert und dadurch selbst dann noch Schäden anrichten kann, wenn der mittlere Wassergehalt des Holzes an sich unschädlich sein müßte. Bei Aluminium-Holzfenstern darf aus diesem Grunde der äußere Wetterschutz aus Aluminium nicht fest aufliegen, er muß hinterlüftet werden.

Zu den Sonderbauteilen sollen hier auch Teile von Bauwerken gezählt werden, die nicht zur Außenhaut gehören, jedoch durch die unterschiedlichen klimatischen Bedingungen, die auf ihre verschiedenen Oberflächen einwirken, Wasserdampf-Diffusionsströmen ausgesetzt sind. Solche Bauteile sind vorzugsweise in Labors, in Klimaanlagen sowie in Kühl- und Gefrieranlagen zu finden.

Die Grundregeln für den bauphysikalisch richtigen Aufbau solcher Konstruktionen sind bereits oben formuliert worden. In jedem Falle ist vorab zu überprüfen, welche klimatischen Bedingungen zu beobachten sind und in welcher Richtung die Diffusionsströme verlaufen. Die Berechnung der diffundierenden Wassermengen und der ggf. notwendig werdenden Dampfsperre sollte dann nicht nach dem vereinfachten Berechnungsverfahren, sondern nach dem vollständigen Glaser-Verfahren durchgeführt werden. Da die klimatischen Bedingungen im Inneren von Gebäuden nur geringen Schwankungen unterliegen, ja in diesen Fällen sogar mit erheblichem technischen Aufwand möglichst konstant gehalten werden, lohnt sich ein solcher Aufwand. Die Ergebnisse der Berechnungen sind von relativ hoher Genauigkeit.

K. Seiffert [15] berichtet von einer Kühlanlage, bei der man es unterlassen hatte, die notwendigen Sperrschichten einzubauen. Eine entsprechende Eisbildung wurde nach einer Betriebszeit von 1 3/4 Jahren entdeckt. Man berechnete, wie groß die Eisbildung in diesem Zeitraum gewesen sein mußte, entnahm Proben aus zwei Wänden unterschiedlichen konstruktiven Aufbaues und stellte die in ihnen enthaltenen Feuchtigkeitsmengen im Labor fest. Die gemessenen Wassermengen in Höhe von 3,65 l/m^3 für die eine Wand und 2,13 l/m^3 für die andere Wand entsprachen mit überraschender Genauigkeit den Vorausberechnungen in Höhe von 3,8 bzw. 2,2 l/m^3.

5. Anhang.

Auf den folgenden Seiten sind alle jene Werte zusammengetragen, die für die Berechnung und Beurteilung von Wasserdampfdiffusionsvorgängen im allgemeinen Hochbau benötigt werden.

Die in einigen Bereichen spärlichen Aussagen der DIN 4108, besonders über die Stoffwerte dünner Bauteilschichten, ließen es notwendig erscheinen, die Tafel I durch einige Nachträge sowie durch einige Hinweise in den Fußnoten [13]) bis [15]) zu ergänzen.

Die Klimabedingungen, die schematisierten Diffusionsdiagramme und die zugehörigen Berechnungsgleichungen sind gemeinsam mit den Anforderungen des Rechenverfahrens nach DIN 4108 in den Tafeln Va bis Vc zusammengefaßt, um einen schnelleren Zugriff zu ermöglichen.

Die Zahlenwerte N der Tafel IX wurden nach (6) und (9) für einen mittleren Luftdruck von 101 325 Pa errechnet.

Die in den Beispielen verwendeten Formblätter sind dem Anhang beigegeben.

Tafel I, Blatt 1

Rechenwerte der Wärmeleitfähigkeit λ_R und Richtwerte der Wasserdampf-Diffusionswiderstandszahlen μ von Baustoffen frei nach DIN 4108 T4 (8.81)

Stoff	ρ [1)] [2)] kg/m³	λ_R [3)] W/(m K)	μ [4)]
Putze, Estriche und andere Mörtelschichten			
Kalkmörtel, Kalkzementmörtel, Mörtel aus hydraulischem Kalk Kalk	(1800)	0,87	15/35
Zementmörtel	(2000)	1,4	15/35
Kalkgips-, Gips-, Kalk-anhydritmörtel	(1400)	0,70	10
Gipsputz ohne Zuschlag	(1200)	0,35	10
Anhydritestrich	(2100)	1,2	
Zementestrich	(2000)	1,4	15/35
Magnesiaestrich nach DIN 272			
Unterböden und -schichten von zweilagigen Böden	(1400)	0,47	
Industrieböden und Gehschicht	(2300)	0,70	
Gußasphalt, Dicke $\geq$ 15 mm	(2300)	0,90	[5)]
Großformatige Bauteile			
Normalbeton nach DIN 1045 (Kies- oder Splittbeton mit geschlossenem Gefüge, auch bewehrt)	(2400)	2,1	70/150
Leichtbeton und Stahlleichtbeton mit geschlossenem Gefüge nach DIN 4219, hergestellt:			
unter Verwendung von Zu-Zuschlägen mit porigem Gefüge nach DIN 4226 T2	1000	0,47	70/150
	1200	0,59	70/150
	1400	0,72	70/150
	1600	0,87	70/150
	1800	0,99	70/150
	2000	1,2	70/150
ausschließlich unter Verwendung von Blähton, Blähschiefer, Naturbims und Schaumlava nach DIN 4226 T2 ohne Quarzsandzusatz. Herstellung des Betons güteüberwacht gemäß DIN 4219 T1	800	0,30	70/150
	900	0,35	70/150
	1000	0,38	70/150
	1100	0,44	70/150
	1200	0,50	70/150
	1300	0,56	70/150
	1400	0,62	70/150
	1500	0,67	70/150

Tafel I, Blatt 2

Stoff	ρ [1] [2] kg/m³	λ_R [3] W/(m K)	μ [4]
	1600	0,73	70/150
Dampfgehärteter Gasbeton nach DIN 4223 (z.Z. noch Entwurf)	400	0,14	5/10
	500	0,16	5/10
	600	0,19	5/10
	700	0,21	5/10
	800	0,23	5/10
Leichtbeton mit haufwerksporigem Gefüge, z.B. nach DIN 4232			
mit nichtporigen Zuschlägen nach DIN 4226 T1, z.B. Kies	1600	0,81	3/10
	1800	1,1	3/10
	2000	1,4	5/10
mit porigen Zuschlägen nach DIN 4226 T2, ohne Quarzsandzusatz[6]	600	0,22	5/15
	700	0,26	5/15
	800	0,28	5/15
	1000	0,36	5/15
	1200	0,46	5/15
	1400	0,57	5/15
	1600	0,75	5/15
	1800	0,92	5/15
	2000	1,2	5/15
ausschließlich unter Verwendung von Naturbims	500	0,15	5/15
	600	0,18	5/15
	700	0,20	5/15
	800	0,24	5/15
	900	0,27	5/15
	1000	0,32	5/15
	1200	0,44	5/15
ausschließlich unter Verwndung von Blähton	500	0,18	5/15
	600	0,20	5/15
	700	0,23	5/15
	800	0,26	5/15
	900	0,30	5/15
	1000	0,35	5/15
	1200	0,46	5/15
Bauplatten			
Asbestzementplatten nach DIN 274 T1 bis T4	(2000)	0,58	20/50
Gasbeton-Bauplatten, unbewehrt, nach DIN 4166			
mit normaler Fugendicke und Mauermörtel nach DIN 1053 T1 verlegt	500	0,22	5/10
	600	0,24	5/10
	700	0,27	5/10
	800	0,29	5/10
dünnfugig verlegt	500	0,19	5/10

Tafel I, Blatt 3

Stoff	ρ [1] [2] kg/m³	λ_R [3] W/(m K)	μ [4]
	600	0,22	5/10
	700	0,24	5/10
	800	0,27	5/10
Wandbauplatten aus Leichtbeton nach DIN 18 162	800	0,29	5/10
	900	0,32	5/10
	1000	0,37	5/10
	1200	0,47	5/10
	1400	0,58	5/10
Wandbauplatten aus Gips, nach DIN 18163, auch mit Poren, Hohlräumen, Füllstoffen oder Zuschlägen	600	0,29	5/10
	750	0,35	5/10
	900	0,41	5/10
	1000	0,47	5/10
	1200	0,58	5/10
Gipskartonplatten nach DIN 18 180	(900)	0,21	8
Mauerwerk einschließlich Mörtelfugen			
Mauerwerk aus Mauerziegeln nach DIN 105			
Vollklinker	(2000)	0,96	50/100
Hochlochklinker	(1800)	0,81	50/100
Vollziegel, Lochziegel hochfeste Ziegel	1200	0,50	5/10
	1400	0,58	5/10
	1600	0,68	5/10
	1800	0,81	5/10
	2000	0,96	5/10
Leichthochlochziegel nach DIN 105 T2, Typ A und B	700	0,36	5/10
	800	0,39	5/10
	900	0,42	5/10
	1000	0,45	5/10
Leichthochlochziegel nach DIN 105 T2, Typ W1	700	0,30	5/10
	800	0,33	5/10
	900	0,36	5/10
	1000	0,39	5/10
Mauerwerk aus Kalksandsteinen nach DIN 106 T1 und T2	1000	0,50	5/10
	1200	0,56	5/10
	1400	0,70	5/10
	1600	0,79	5/25
	1800	0,99	5/25
	2000	1,1	5/25
	2200	1,3	5/25
Mauerwerk aus Hüttensteinen nach DIN 398	1000	0,47	70/100
	1200	0,52	70/100
	1400	0,58	70/100
	1600	0,64	70/100

Tafel I, Blatt 4

Stoff	ρ[1)] [2)] kg/m³	λ_R[3)] W/(m K)	μ[4)]
	1800	0,70	70/100
	2000	0,76	70/100
Mauerwerk aus Gasbeton-Blocksteinen nach DIN 4165	500	0,22	5/10
	600	0,24	5/10
	700	0,27	5/10
	800	0,29	5/10
Mauerwerk aus Betonsteinen			
Lochsteine aus Leichtbeton nach DIN 18 149	600	0,35	5/10
	700	0,40	5/10
	800	0,47	5/10
	900	0,56	5/10
	1000	0,65	5/10
	1200	0,77	5/10
	1400	0,91	5/10
	1600	1,0	10/15
Hohlblocksteine aus Leichtbeton nach DIN 18 151 mit porigen Zuschlägen nach DIN 4226 T2 ohne Quarzsandzusatz[7)]			
2-K-Steine, Breite≤240 mm	500	0,29	5/10
3-K-Steine, Breite≤300 mm	600	0,32	5/10
4-K-Steine, Breite≤365 mm	700	0,35	5/10
	800	0,39	5/10
	900	0,44	5/10
	1000	0,49	5/10
	1200	0,60	5/10
	1400	0,73	5/10
2-K-Steine, Breite=300 mm	500	0,29	5/10
3-K-Steine, Breite=365 mm	600	0,34	5/10
	700	0,39	5/10
	800	0,46	5/10
	900	0,55	5/10
	1000	0,64	5/10
	1200	0,76	5/10
	1400	0,90	5/10
Vollsteine und Vollblöcke aus Leichtbeton nach DIN 18 152 DIN 18 152			
Vollsteine (V)	500	0,32	5/10
	600	0,34	5/10
	700	0,37	5/10
	800	0,40	5/10
	900	0,43	5/10
	1000	0,46	5/10
	1200	0,54	5/10
	1400	0,63	5/10
	1600	0,74	10/15

Tafel I, Blatt 5

Stoff	ρ [1] [2] kg/m³	λ_R [3] W/(m K)	μ [4]
	1800	0,87	10/15
	2000	0,99	10/15
Vollblöcke (Vbl) (außer Vollblöcken S-W aus Bims und Blähton, s.u.)	500	0,29	5/10
	600	0,32	5/10
	700	0,35	5/10
	800	0,39	5/10
	900	0,43	5/10
	1000	0,46	5/10
	1200	0,54	5/10
	1400	0,63	5/10
	1600	0,74	10/15
	1800	0,87	10/15
	2000	0,99	10/15

Vollblöcke S-W aus Bims

Bis zur Regelung in DIN 18 152 dürfen Vollblöcke aus Bims mit Schlitzen (S) mit dem Zusatzbuchstaben W bezeichnet werden, wenn sie folgende Bedingungen erfüllen:

a) Zuschläge.Als Zuschlag ist ausschließlich Naturbims zu verwenden. Zumischungen von anderen Zuschlägen nach DIN 18 152, 12.78 Abschn. 4.2, 2. Abs., und Abschn. 6.1, 2. Abs., sind nicht zulässig.

b) Form. Die Schlitze der Vollblöcke müssen stets mit einem Deckel abgeschlossen sein. Griffhilfen sind nicht zulässig. Es sind stets Stirnseitennuten anzuordnen.

c) Maße.Es dürfen nur Vollblöcke der Zeilen 9 bis 12 der Tabelle 2 aus DIN 18 152 12.78 verwendet werden.

d) Kennzeichnung. Die Kennzeichnung nach DIN 18 152 muß durch den Buchstaben W ergänzt werden.

	500	0,20	5/10
	600	0,22	5/10
	700	0,25	5/10
	800	0,28	5/10

Vollblöcke S-W aus Blähton

Bis zur Regelung in DIN 18 152 dürfen Vollblöcke aus Blähton mit Schlitzen (S) mit dem Zusatzbuchstaben W bezeichnet werden, wenn sie folgende Bedingungen erfüllen:

a) Zuschläge. Als Zuschlag ist ausschließlich Blähton zu verwenden. Zumischungen von anderen Zuschlägen nach DIN 18 152 12.78, Abschn. 4.2, 2. Abs., und Abschn. 6.1, 2. Abs., sind nicht zulässig.

b) Form. Die Schlitze der Vollblöcke müssen stets mit einem Deckel abgeschlossen sein. Griffhilfen sind

Tafel I, Blatt 6

Stoff	ρ [1] [2]) kg/m³	λ_R [3]) W/(m K)	μ [4])
nicht zulässig. Es sind stets Stirnseitennuten anzuordnen.			
c) Maße. Es dürfen nur Vollblöcke der Zeilen 9 bis 12 der Tabelle 2 aus DIN 18 152 12.78 verwendet werden.			
d) Kennzeichnung. Die Kennzeichnung nach DIN 18 152 muß durch den Buchstaben W ergänzt werden.			
	500	0,22	5/10
	600	0,24	5/10
	700	0,27	5/10
	800	0,31	5/10
Hohlblocksteine und T-Hohlsteine aus Normalbeton mit geschlossenem Gefüge nach DIN 18 153			
2-K-Steine, Breite≤240 mm	(≤1800)	0,92	
3-K-Steine, Breite≤300 mm	(≤1800)	0,92	
4-K-Steine, Breite≤365 mm	(≤1800)	0,92	
2-K-Steine, Breite=300 mm	(≤1800)	1,3	
3-K-Steine, Breite=365 mm	(≤1800)	1,3	
Wärmedämmstoffe			
Holzwolle-Leichtbauplatten nach DIN 1101 [8])			
Plattendicke≥25 mm	(360-480)	0,093	2/5
=15 mm	(570)	0,15	2/5
Mehrschicht-Leichtbauplatten nach DIN 1104 T1 aus Schaumkunststoffplatten nach DIN 18 164 T1 mit Beschichtungen aus mineralisch gebundener Holzwolle			
Schaumkunststoffplatte	(≥15)	0,040	20/70
Holzwolleschichten (Einzelschichten)			
Dicke ≥1o bis <25 mm	(46o-650)	0,15	
≥25 mm	(360-460)	0,093	
Holzwolleschichten (Einzelschichten) mit Dicken < 10 mm dürfen zur Berechnung des Wämedurchlaßwiderstandes 1/Λ nicht berücksichtigt werden (s. DIN 1104 T1)			
Schaumkunststoffe nach DIN 18 159 T1 und T2 an der Baustelle hergestellt			
Polyurethan(PUR)-Ortschaum nach DIN 18 159 T1	(≥37)	0,030	30/100
Harnstoff-Formaldehydharz (UF)-Ortschaum nach DIN 18 159 T2	(≥10)	0,041	1/3

Tafel I, Blatt 7

Stoff	ρ [1] [2] kg/m³	λ_R [3] W/(m K)	μ [4]
Korkdämmstoffe			
Korkplatten nach DIN 18 161 Teil 1			
Wärmeleitfähigkeitsgruppe			
045	(80-500)	0,045	5/10
050	(80-500)	0,050	5/10
055	(80-500)	0,055	5/10
Schaumkunststoffe nach DIN 18 164 Teil 1 [9]			
Polystyrol(PS)-Hartschaum			
Wärmeleitfähigkeitsgruppe			
025		0,025	
030		0,030	
035		0,035	
040		0,040	
Polystyrol-Partikelschaum	(≥15)		20/50
	(≥20)		30/70
	(≥30)		40/100
Polystyrol-Extruderschaum	(≥25)		80/300
Polyurethan(PUR)-Hartschaum			
Wärmeleitfähigkeitsgruppe			
020	(≥30)	0,020	30/100
025	(≥30)	0,025	30/100
030	(≥30)	0,030	30/100
035	(≥30)	0,035	30/100
Phenolharz(PF)-Hartschaum			
Wärmeleitfähigkeitsgruppe			
030	(≥30)	0,030	30/50
035	(≥30)	0,035	30/50
040	(≥30)	0,040	30/50
045	(≥30)	0,045	30/50
Mineralische und pflanzliche Faserdämmstoffe nach DIN 18 165 Teil 1 [9]			
Wärmeleitfähigkeitsgruppe			
035	(8-500)	0,035	1
040	(8-500)	0,040	1
045	(8-500)	0,045	1
050	(8-500)	0,050	1
Schaumglas nach DIN 18 174			
Wärmeleitfähigkeitsgruppe			
045	(100-150)	0,045	[5]
050	(100-150)	0,050	[5]
055	(100-150)	0,055	[5]
060	(100-150)	0,060	[5]

Tafel I, Blatt 8

Stoff	ρ [1] [2] kg/m³	λ_R [3] W/(m K)	μ [4]
Holz und Holzwerkstoffe [10]			
Holz			
Fichte, Kiefer, Tanne	(600)	0,13	40
Buche, Eiche	(800)	0,20	40
Holzwerkstoffe			
Sperrholz nach DIN 68 705 Teil 2 bis 4	(800)	0,15	50/400
Spanplatten			
Flachpreßplatten nach DIN 68 761 und 68 763	(700)	0,13	50/100
Strangpreßplatten nach DIN 68 764 Teil 1 (Vollplatten ohne Beplankung)	(700)	0,17	20
Holzfaserplatten			
Harte Holzfaserplatten nach DIN 68 750 und 68 754 Teil 1	(1000)	0,17	70
Poröse Holzfaserplatten nach DIN 68 750 und Bitumen-Holzfaserplatten nach DIN 68 752	≤200 ≤300	0,045 0,056	5 5
Beläge, Abdichtstoffe und Abdichtungsbahnen			
Fußbodenbeläge			
Linoleum nach DIN 18 171	(1000)	0,17	
Korklinoleum	(700)	0,081	
Linoleum-Verbundbeläge nach DIN 18 173	(100)	0,12	
Kunststoffbeläge, z.B. auch PVC	(1500)	0,23	
Abdichtstoffe, Abdichtungsbahnen			
Asphaltmastix, Dicke ≥7mm	(2000)	0,70	[5]
Bitumen	(1100)	0,17	
Dachbahnen, Dachdichtungsbahnen			
Bitumendachbahnen nach DIN 52 128	(1200)	0,17	10 000/ 80 000
nackte Bitumendachbahnen nach DIN 52 129	(1200)	0,17	2 000/ 20 000

Tafel I, Blatt 9

Stoff	ρ [1] [2] kg/m³	λ_R [3] W/(m K)	μ [4]
Glasvlies-Bitumendachbahnen nach DIN 52 143			20 000/ 60 000
Kunststoff-Dachbahnen			
nach DIN 16 730 (PVC-weich)			10 000/ 25 000
nach DIN 16 731 (PIB)			400 000/ 1 750 000
nach DIN 16 732 Teil 1 (ECB) 2,0 K			50 000/ 75 000
nach DIN 16 732 Teil 2 (ECB) 2,0			70 000/ 100 000
Folien			
PVC-Folien, Dicke ≥ 0,1 mm			20 000/ 50 000
Polyethylen-Folien, Dicke ≥ 0,1 mm			100 000
Aluminium-Folien, Dicke ≥ 0,05 mm			[5]
Andere Metallfolien, Dicke ≥ 0,1 mm			[5]
Sonstige gebräuchliche Stoffe[11]			
Lose Schüttungen[12], abgedeckt			
aus porigen Stoffen:			
Blähperlit	(≤100)	0,060	
Blähglimmer	(≤100)	0,070	
Korkschrot, expandiert	(≤200)	0,050	
Hüttenbims	(≤600)	0,13	
Blähton, Blähschiefer	(≤400)	0,16	
Bimskies	(≤1000)	0,19	
Schaumlava	(≤1200)	0,22	
	(≤1500)	0,27	
aus Polystyrolschaumstoff-Partikeln	(15)	0,045	2[13]
aus Sand, Kies, Splitt (trocken)	(1800)	0,70	
Fliesen	(2000)	1,0	[15]
Glas	(2500)	0,80	∞
Natursteine			
Kristalline, metamorphe Gesteine (Granit, Basalt, Marmor)	(2800)	3,5	
Sedimentgesteine (Sandsteine, Muschelkalk, Nagelfluh)	(2600)	2,3	

Tafel I, Blatt 10

Stoff	ρ [1] [2] kg/m³	λ_R [3] W/(m K)	μ [4]
Vulkanische porige Natursteine	(1600)	0,55	
Boden (naturfeucht)			
Sand, Kiessand		1,4	
Bindige Böden		2,1	
Keramik und Glasmosaik	(2000)	1,2	100/300
Wärmedämmender Putz	(600)	0,20	5/20
Kunstharzputz	(1100)	0,70	50/200
Metalle			
Stahl		60	∞
Kupfer		380	∞
Aluminium		200	∞
Gummi (kompakt)	(1000)	0,20	

Tafel I, Blatt 11, Ergänzungen[13])

Äquivalente Luftschichtdicken s_d dünner Stoffschichten frei nach [17] und nach Herstellerangaben

Stoff	s mm	μ	s_d m
Folien			
PVC-Tapete	1,0		5,0
Verbundkaschierung von Randleistenmatten			
ISOVER-Rollisol-035			30,0
Mehrschichtige Spezialfolien			
Vaporex-normal	0,8	15 625	15,63
Vaporex-Super-roh	1,0	400 000	400,00
Nepa-Dampfbremse	0,4	53 304	21,3
Bauder-Unterspannbahn			2,5
Anstriche und Beschichtungen[14])			
Latexanstrich, zweifach			0,8
Ölfarbenanstrich, zweifach	2,0	1 800	3,6
Alkydharzanstrich auf Halböl			
zweifach			5,5
dreifach			8,0
Chlorkautschukfarbe und -lack auf Voranstrich			
zweifach			8,0
dreifach			11,5
PVAc-Spritzauftrag	2,0		0,3
PVA-Spachtel	2,0		0,8
	5,0		1,3
Epoxydharzspachtel	2,0		4,0
Fassadenfarbe auf Acrylharzbasis			
Herbol-Herbosil Verbrauchsmenge 0,600 kg/m²	0,24	800	0,192
Fassadenbeschichtungen aus Kunststoffen			
Herbol-Herbidur Verbrauchsmenge 0,500 kg/m²	0,2	1 500	0,300
Herbol-Herboflex-Finish Verbrauchsmenge 0,500 kg/m²	0,15	2 500	0,375
PCI-Betonfinish	0,125	3 370	0,421

Tafel I, Blatt 12, Ergänzungen

Stoff	s mm	μ	s_d m
Fußbodenbeschichtung aus Kunststoffen			
Herbol-Methacryl-Siegel Verbrauchsmenge 0,450 kg/m²	0,16	11 400	1,824

Tafel I, Blatt 13, Anmerkungen

[1]) Die in Klammern angegebenen Rohdichtewerte dienen nur zur Ermittlung der flächenbezogenen Masse, z.B. für den Nachweis des sommerlichen Wärmeschutzes.

[2]) Bei Steinen genannte Rohdichten sind Klassenbezeichnungen nach den entsprechenden Stoffnormen.

[3]) Die angegebenen Rechenwerte der Wärmeleitfähigkeit λ_R von Mauerwerk dürfen bei Verwendung von werksmäßig hergestellten Leichtmauermörteln aus Zuschlägen mit porigem Gefüge nach DIN 4226 T 2 ohne Quarzsandzusatz - bei einer Festmörteldichte $\geq$ 1000 kg/m³ - um 0,06 W/(m K) verringert werden, jedoch dürfen die verringerten Werte bei Vollblöcken S-W aus Bims und Blähton sowie bei Gasbeton-Blocksteinen die Werte der entsprechenden Zeilen des dampfgehärteten Gasbetons und des Leichtbetons nicht unterschreiten.

[4]) Es ist der jeweils für die Baukonstruktion ungünstigere Wert einzusetzen.

[5]) Praktisch dampfdicht. Nach DIN 52 615 : $s_d \geq 1500$ m.

[6]) Bei Quarzsand erhöhen sich die Rechenwerte der Wärmeleitleitfähigkeit um 20%.

[7]) Die Rechenwerte der Wärmeleitfähigkeit sind bei Hohlblocksteinen mit Quarzsandzusatz für 2-K-Steine um 20% und für 3-K-Steine und 4-K-Steine um 15% zu erhöhen.

[8]) Plattendicken <15 mm dürfen wärmeschutztechnisch nicht berücksichtigt werden.

[9]) Bei Trittschalldämmplatten aus Schaumkunststoffen oder aus Faserdämmstoffen wird bei sämtlichen Erzeugnissen der Wärmedurchlaßwiderstand $1/\Lambda$ auf der Verpackung angegeben.

[10]) Die angegebenen Rechenwerte der Wärmeleitfähigkeit λ_R gelten für Holz quer zur Faser, für Holzwerkstoffe senkrecht zur Plattenebene. Für Holz in Faserrichtung sowie für Holzwerkstoffe in Plattenebene ist näherungsweise der 2,2fache Wert einzusetzen, wenn kein genauerer Nachweis erfolgt.

Tafel I, Blatt 14, Anmerkungen

[11]) Diese Stoffe sind hinsichtlich ihrer wärmeschutztechnischen Eigenschaften nicht genormt. Die angegebenen Wärmeleitfähigkeitswerte stellen obere Grenzwerte dar.

[12]) Die Dichte wird bei losen Schüttungen als Schüttdichte angegeben.

[13]) In DIN 4108 T4 (8.81) nicht aufgeführt.

[14]) Anhaltswerte, die bei Anstrichen und Beschichtungen je nach Rezeptur, Lösungsmittelanteil und Arbeitstechnik starken Streuungen unterworfen sein können.

[15]) Bei Fliesenbekleidungen können die glasierten Fliesen selbst als praktisch dampfdicht angenommen werden, eine Diffusion wird lediglich über die mit Zementmörtel gefüllten Fugen erfolgen. Die Wasserdampf-Diffusionswiderstandszahl der aus Fliesen und Fugen bestehenden Bekleidung läßt sich ermitteln nach

$$\mu_{\text{Bekleidung}} = \frac{\mu_{\text{Fugenmörtel}}}{\text{Fugenanteil}}$$

Tafel II

Rechenwerte der Wärmedurchlaßwiderstände 1/Λ von Luftschichten[1]) nach DIN 4108 T4 (8.81)

Lage der Luftschicht	Dicke der Luftschicht mm	1/Λ der Luftschicht m² K/W
lotrecht	10 bis 20	0,14
lotrecht	über 20 bis 500	0,17
waagerecht	10 bis 500	0,17

[1]) Die Werte gelten für Luftschichten, die nicht mit der Außenluft in Verbindung stehen, und für Luftschichten bei mehrschaligem Mauerwerk nach DIN 1053 T1.

Tafel III

Rechenwerte der Wärmeübergangswiderstände $1/\alpha$ [1][2]
nach DIN 4108 T4 (8.81)

Bauteil	$1/\alpha_i$ m²·K/W	$1/\alpha_a$ m²·K/W
Außenwand (ausgenommen die nachstehenden Arten)	0,13	0,04
Außenwand mit hinterlüfteter Außenhaut[3]) Abseitenwand zum nicht wärmegedämmten Dachraum	0,13	0,08
Wohnungstrennwand, Treppenraumwand, Wand zwischenfremden Arbeitsräumen, Trennwand zu dauernd unbeheiztem Raum, Abseitenwand zu wärmegedämmtem Dachraum	0,13	0,13[4])
An das Erdreich grenzende Wand	0,13	0
Decke oder Dachschräge, die den Aufenthaltsraum nach oben gegen die Außenluft abgrenzt (nicht belüftet)	0,13	0,04
Decke unter nicht ausgebautem Dachgeschoß, unter Spitzboden oder unter belüftetem Raum (z.B. belüftete Dachschräge)	0,13	0,08
Wohnungstrenndecke und Decke zwischen fremden Arbeitsräumen, Wärmestrom		
von unten nach oben	0,13	0,13[4])
von oben nach unten	0,17	0,17[4])
Kellerdecke	0,17	0,17[4])
Decke, die Aufenthaltsraum nach unten gegen die Außenluft abgrenzt	0,17	0,04
Unterer Abschluß eines nicht unterkellerten Aufenthaltsraumes (an das Erdreich grenzend)	0,17	0

[1]) Vereinfachend kann in allen Fällen mit $1/\alpha_i$ = 0,13 m²·K/W sowie - an das Erdreich grenzende Bauteile ausgenommen - mit $1/\alpha_a$ = 0,04 m²·K/W gerechnet werden.

[2]) Für die Überprüfung eines Bauteils auf Tauwasserbildung auf Oberflächen siehe besondere Festlegungen in DIN 4108 T3.

[3]) Für zweischaliges Mauerwerk nach DIN 1053 T1 gilt Zeile 1

[4]) Bei innenliegendem Bauteil ist zu beiden Seiten mit demselben Wärmeübergangswiderstand zu rechnen.

Tafel IVa, Blatt 1

Mindestwerte der Wärmedurchlaßwiderstände 1/Λ
von Bauteilen (mit Ausnahme leichter Bauteile nach Tafel IVb)
nach DIN 4104 T3 (8.81)

Bauteile	Wärmedurchlaßwiderstand 1/Λ im Mittel	an der ungünstigsten Stelle
	m^2 K/W	
Außenwände [1]		
allgemein	0,55	
für kleinflächige Einzelbauteile (z.B. Pfeiler) bei Gebäuden mit einer Höhe des Erdgeschoßfußbodens (1. Nutzgeschoß) ≤500 m über NN	0,47	
Wohnungstrennwände[2] und Wände zwischen fremden Arbeitsräumen		
in nicht zentral beheizten Gebäuden	0,25	
in zentral beheizten Gebäuden[3]	0,07	
Treppenraumwände[4]	0,25	
Wohnungstrenndecken und Decken zwischen fremden Arbeitsräumen[2][5][6]		
allgemein	0,35	
in zentralbeheizten Bürogebäuden[3]	0,17	
Unterer Abschluß nicht unterkellerter Aufenthaltsräume[5]		
unmittelbar an das Erdreich grenzend	0,90	
über einen belüfteten Hohlraum an das Erdreich grenzend	0,90	
Decken unter nicht ausgebauten Dachräumen[5][7]	0,90	0,45
Kellerdecken[5][8]	0,90	0,45
Decken, die Aufenthaltsräume gegen die Außenluft abgrenzen		
nach unten[5][9]	1,75	1,30
nach oben [5]	1,10	0,80

[1] Gilt auch für Wände, die Aufenthaltsräume gegen Bodenräume, Durchfahrten, Garagen (auch beheizte) oder dgl. abschließen oder an das Erdreich angrenzen. Gilt nicht für Abseitenwände, wenn die Dachschräge bis zum Dachfuß gedämmt ist.

[2] Wohnungstrennwände und -trenndecken sind Bauteile, die Wohnungen voneinander oder von fremden Arbeitsräumen trennen.

Tafel IVa, Blatt 2

[3]) Als zentralbeheizt im Sinne dieser Norm gelten Gebäude, die an eine gemeinsame Heizzentrale angeschlossen sind.

[4]) Gilt auch für Wände, die Aufenthaltsräume von fremden, dauernd unbeheizten Räumen trennen, wie abgeschlossenen Hausfluren, Kellerräumen, Ställen, Lagerräumen usw. Die Anforderung gilt nur für geschlossene, eingebaute Treppenhäuser.

[5]) Bei schwimmenden Estrichen ist für den rechnerischen Nachweis der Wärmedämmung die Dicke der Dämmschicht im belasteten Zustand anzusetzen. Bei Fußboden- oder Deckenheizungen müssen die Mindestanforderungen an den Wärmedurchlaßwiderstand durch die Deckenkonstruktion unter- bzw. oberhalb der Ebenen der Heizfläche eingehalten werden.

[6]) Gilt auch für Decken unter Räumen zwischen gedämmten Dachschrägen und Abseitenwänden bei ausgebauten Dachgeschossen.

[7]) Gilt auch für Decken, die unter einem belüfteten Raum liegen, der nur bekriechbar oder noch niedriger ist, sowie für Decken unter belüfteten Räumen zwischen Dachschrägen und Abseitenwänden bei ausgebauten Dachräumen.

[8]) Gilt auch für Decken, die Aufenthaltsräume gegen abgeschlossene, unbeheizte Hausflure o.ä. abschließen.

[9]) Gilt auch für Decken, die Aufenthaltsräume gegen Garagen (auch beheizte), Durchfahrten (auch verschließbare) und belüftete Kriechkeller abgrenzen.

Tafel IVb

Mindestwerte der Wärmedurchlaßwiderstände $1/\Lambda$ für Außenwände, Decken unter nicht ausgebauten Dachräumen und Dächer mit einer flächenbezogenen Gesamtmasse $m < 300$ kg/m² nach DIN 4108 T3 (8.81)

Flächenmasse m der raumseitigen Bauteilschichten[1])[2]) kg/m²	Wärmedurchlaßwiderstand $1/\Lambda$ des Bauteils[1])[2]) m²·K/W
0	1,75
20	1,40
50	1,10
100	0,80
150	0,65
200	0,60
300	0,55

[1]) Zwischenwerte dürfen gradlinig interpoliert werden.

[2]) Bei der Ermittlung der flächenbezogenen Masse m eines Bauteils sind in Rechnung zu stellen:

- bei Bauteilen mit Dämmschicht die Masse derjenigen Schichten, die zwischen der raumseitigen Bauteiloberfläche und der Dämmschicht angeordnet sind. Als Dämmschicht gilt hier eine Schicht mit $\lambda_R \leq 0{,}1$ W/(m²·K) und und $1/\Lambda \geq 0{,}25$ m²·K/W.
- Bei Bauteilen ohne Dämmschicht (z.B. Mauerwerk) die Gesamtmasse des Bauteils.

Werden die Anforderungen nach Tafel IVb bereits von einer oder mehreren Schichten erfüllt, so braucht kein weiterer Nachweis geführt zu werden.

Holz und Holzwerkstoffe dürfen bei der Ermittlung von m näherungsweise mit dem zweifachen Wert ihrer Masse in Rechnung gestellt werden.

Tafel Va

Rechenverfahren nach DIN 4108 T3 und T5 (8.81)

Klimabedingungen

In nicht klimatisierten Wohn- und Bürogebäuden sowie vergleichbar genutzten Gebäuden können der Berechnung folgende vereinfachte Annahmen zugrunde gelegt werden:

Tauperiode

Außenklima	-10 °C, 80 % relative Luftfeuchte
Innenklima	20 °C, 50 % relative Luftfeuchte
Dauer	1440 Stunden (60 Tage)

Verdunstungsperiode

a. Wandbauteile und Decken unter nicht ausgebauten Dachräumen

Außenklima	12 °C, 70 % relative Luftfeuchte
Innenklima	12 °C, 70 % relative Luftfeuchte
Klima im Tauwasserbereich	12 °C, 100 % relative Luftfeuchte
Dauer	2160 Stunden (90 Tage)

b. Dächer, die Aufenthaltsräume gegen die Außenluft abschließen

Außenklima	12 °C, 70 % relative Luftfeuchte
Temperatur der Dachoberfläche	20 °C,
Innenklima	12 °C, 70 % relative Luftfeuchte
Klima im Tauwasserbereich	Temperatur entsprechend dem Temperaturgefälle von außen nach innen, 100 % relative Luftfeuchte
Dauer	2160 Stunden (90 Tage)

Bei schärferen Klimabedingungen (z.B. Schwimmbäder, klimatisierte Räume, extremes Außenklima) sind diese vereinfachten Annahmen nicht zulässig. Es ist dann das tatsächliche Raumklima und das Außenklima am Standort des Gebäudes sowie die tatsächliche Dauer zu berücksichtigen. Es ist das modifizierte Rechenverfahren anzuwenden.

Tafel Vb, Blatt 1

Rechenverfahren nach DIN 4108 T3 und T5 (8.81)

Diffusionsdiagramme und Berechnungsgleichungen

Fall a Wasserdampfdiffusion ohne Tauwasserausfall im Bauteil

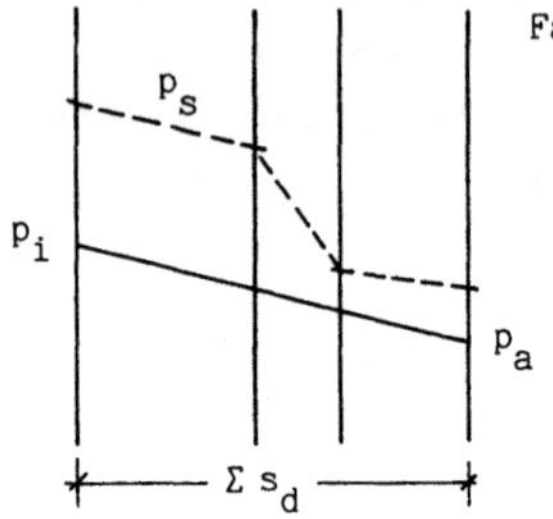

Eine Untersuchung der Verdunstung erübrigt sich

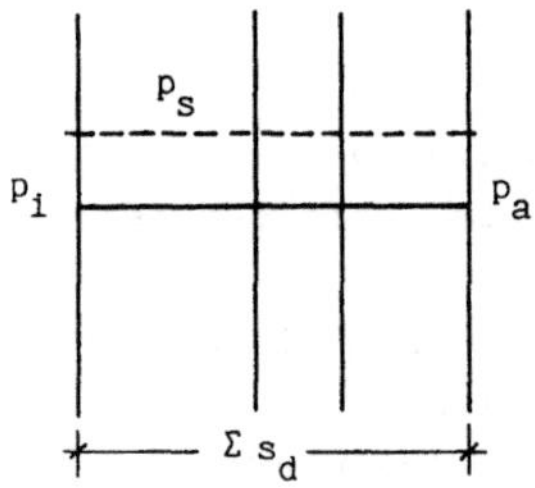

Fall b Tauwasserausfall in einer Ebene

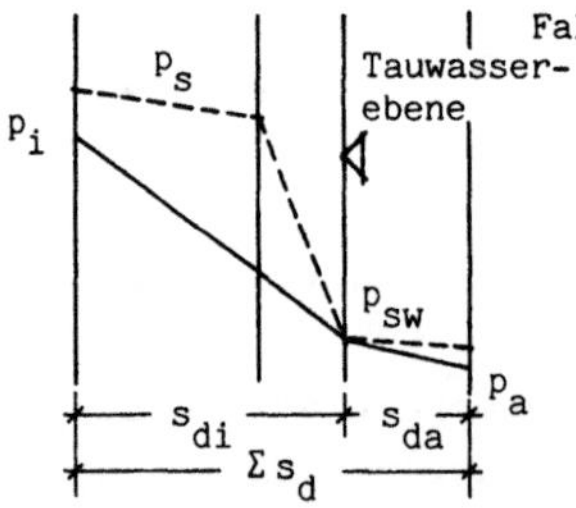

$$i_i = \frac{p_i - p_{sw}}{1/\Delta_i}; \quad i_a = \frac{p_{sw} - p_a}{1/\Delta_a}$$

$$W_T = t_T \, (i_i - i_a)$$

Verdunstung aus einer Ebene

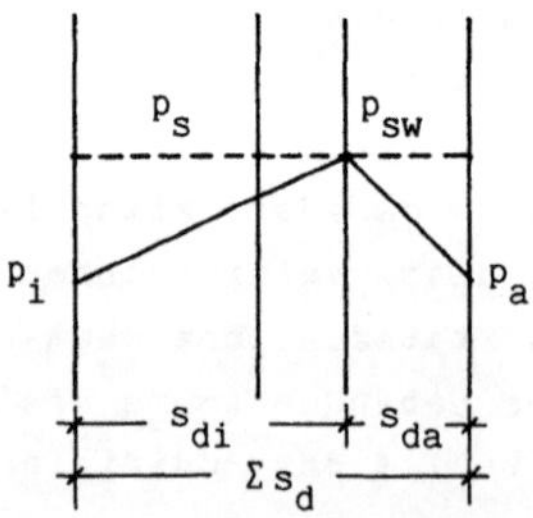

$$i_i = \frac{p_{sw} - p_i}{1/\Delta_i}; \quad i_a = \frac{p_{sw} - p_a}{1/\Delta_a}$$

Tafel Vb, Blatt 2

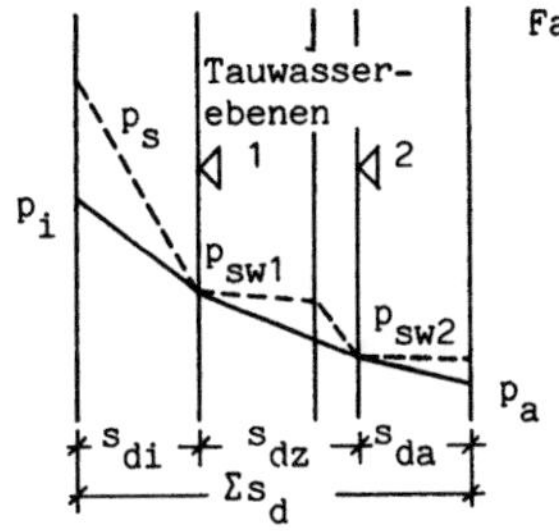

Fall c Tauwasserausfall in zwei Ebenen

$$i_i = \frac{p_i - p_{sw\,1}}{1/\Delta_i}; \qquad i_z = \frac{p_{sw\,1} - p_{sw\,2}}{1/\Delta_z}$$

$$i_a = \frac{p_{sw\,2} - p_a}{1/\Delta_a};$$

$$W_{T\,1} = t_T\,(i_i - i_z)$$

$$W_{T\,2} = t_T\,(i_z - i_a)$$

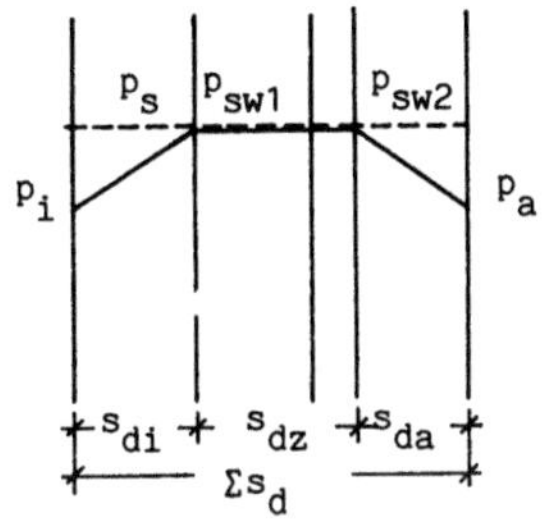

Verdunstung aus zwei Ebenen

$$i_i = \frac{p_{sw\,1} - p_i}{1/\Delta_i}; \qquad i_a = \frac{p_{sw\,2} - p_a}{1/\Delta_a}$$

$$W_V = t_V\,(i_i + i_a)$$

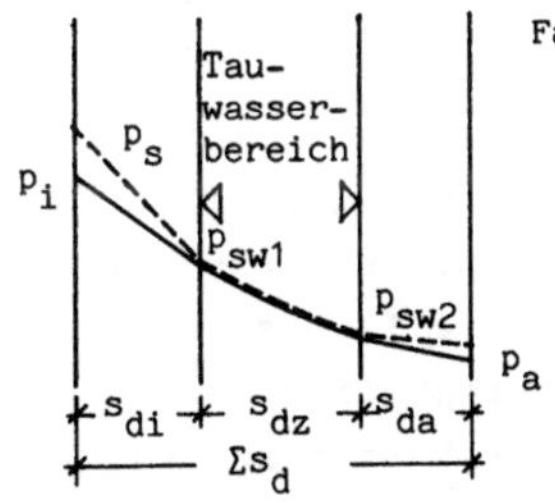

Fall d Tauwasserausfall in einem Bereich

$$i_i = \frac{p_i - p_{sw\,1}}{1/\Delta_i}; \qquad i_a = \frac{p_{sw\,2} - p_a}{1/\Delta_a}$$

$$W_T = t_T\,(i_i - i_a)$$

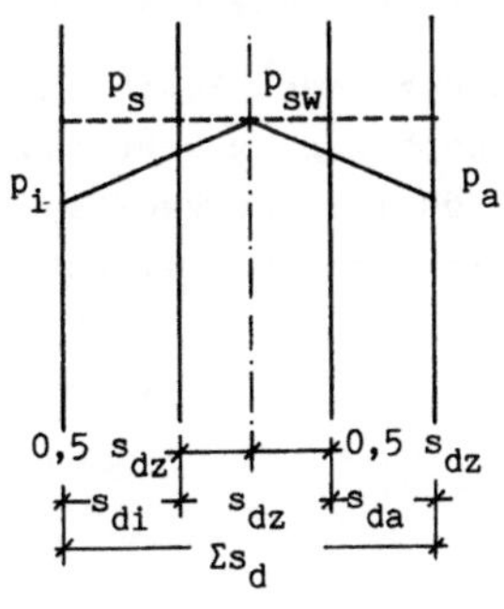

Verdunstung aus einem Bereich

$$i_i = \frac{p_{sw} - p_i}{0{,}5 \cdot 1/\Delta_z + 1/\Delta_i}$$

$$i_a = \frac{p_{sw} - p_a}{0{,}5 \cdot 1/\Delta_z + 1/\Delta_a}$$

$$W_V = t_V\,(i_i + i_a)$$

Tafel Vc

Rechenverfahren nach DIN 4108 T3 und T5 (8.81)

Anforderungen

Bei der Beurteilung der Berechnungsergebnisse kann eine Tauwasserbildung in Bauteilen als unschädlich angesehen werden, wenn durch die Erhöhung des Feuchtegehaltes der Bau- und Dämmstoffe der Wärmeschutz und die Standsicherheit der Bauteile nicht beeinträchtigt werden. Diese Voraussetzungen liegen vor, wenn folgende Bedingungen erfüllt sind:

a. Das während der Tauperiode im Inneren des Bauteils anfallende Wasser muß während der Verdunstungsperiode wieder an die Umgebung abgegeben werden können.

b. Die Baustoffe, die mit dem Tauwasser in Berührung kommen, dürfen nicht geschädigt werden (z.B. durch Korrosion, Pilzbefall).

c. Bei Dach- und Wandkonstruktionen darf eine Tauwassermasse von insgesamt 1,0 kg/m² nicht überschritten werden. Dies gilt nicht für die Bedingungen d. und e.

d. Tritt Tauwasser an Berührungsflächen von kapillar nicht wasseraufnahmefähigen Schichten auf, so darf zur Begrenzung des Ablaufens oder Abtropfens eine Tauwassermasse von 0,5 kg/m² nicht überschritten werden (z.B. an Berührungsflächen von Faserdämmstoff- oder Luftschichten einerseits und Dampfsperr- oder Betonschichten andererseits).

e. Bei Holz ist eine Erhöhung des massebezogenen Feuchtegehaltes um mehr als 5 %, bei Holzwerkstoffen um mehr als 3 % unzulässig (vergl. auch DIN 68 800 T2), Holzwolle-Leichtbauplatten nach DIN 1101 und Mehrschicht-Leichtbauplatten aus Schaumkunststoffen und Holzwolle nach DIN 1104 T1 sind hiervon ausgenommen.

<u>Tafel VI</u>

Jahresmittel ϑ_{Lam} und Monatsmittel der Außenlufttemperatur verschiedener Städte in der Bundesrepublik Deutschland nach R. Jenisch [22]

Ort	Jahresmittel ϑ_{Lam}	Monatsmittel											
		I	II	III	IV	V	VI	VII	VIII	IX	X	XI	XII
	°C	°C	°C	°C	°C	°C	°C	°C	°C	°C	°C	°C	°C
Aachen	9,2	1,9	2,6	4,8	8,0	12,6	15,2	16,9	16,4	13,8	9,6	5,2	2,8
Braunschweig	8,8	0,2	1,1	4,0	7,9	13,2	16,1	17,6	16,6	13,5	8,9	4,2	1,6
Bremen	8,9	1,0	1,7	4,8	7,8	12,8	15,8	17,4	16,6	13,8	9,3	4,7	2,2
Clausthal	5,8	-2,0	-1,5	0,9	4,6	9,8	12,6	14,3	13,5	10,7	6,2	1,7	-1,1
Hamburg	8,5	0,3	1,0	3,5	7,5	13,3	15,4	17,1	16,2	13,6	8,8	4,2	1,6
Karlsruhe	9,9	1,0	2,4	5,6	9,6	14,3	17,4	19,1	18,1	14,5	9,6	5,0	2,2
München	7,4	-2,3	-0,8	2,9	6,9	12,0	15,1	17,0	16,1	12,6	7,6	2,4	-0,9
Münster	9,1	1,3	2,1	4,5	8,2	13,1	15,8	17,3	16,4	13,7	9,2	4,8	2,3
Regensburg	7,7	-2,4	-0,6	3,3	7,6	12,9	15,9	17,6	16,6	13,0	7,5	2,4	-1,0
Stuttgart	10,0	1,0	2,4	5,7	9,6	14,3	17,3	19,1	18,3	14,8	9,9	5,2	2,1

Tafel VII

Anzahl der Stunden t_T, in denen ein Tagesmittelwert der Außenlufttemperatur ϑ_{Lax} während eines Jahres unterschritten wird und Mittelwert der Außenlufttemperatur ϑ_{Lak} in dieser Zeit für verschiedene Städte nach R. Jenisch [22]

Temperaturbereich		Braunschweig		Bremen		Clausthal		Hamburg		Karlsruhe		München		Münster	
		t_T	ϑ_{Lak}	t_T	ϑ_{Lak}	t_T	ϑ_{Lak}	t_T	ϑ_{lak}	t_T	ϑ_{Lak}	t_T	ϑ_{Lak}	t_T	ϑ_{Lak}
°C		h	°C	h	°C	h	°C	h	°C	h	°C	h	°C	h	°C
29,0 bis	29,9	--	---	--	---	--	---	--	---	--	---	--	---	--	---
28,0	28,9	--	---	--	---	--	---	--	---	--	---	--	---	--	---
27,0	27,9	--	---	--	---	--	---	--	---	8760	10,1	8760	8,2	--	---
26,0	26,9	--	---	8760	9,0	--	---	--	---	8758	10,1	8758	8,2	8760	9,2
25,0	25,9	8760	9,0	8753	9,0	--	---	8760	8,7	8741	10,0	8750	8,2	8758	9,1
24,0 bis	24,9	8753	8,9	8741	9,0	8760	6,0	8753	8,7	8712	10,0	8738	8,1	8738	9,1
23,0	23,9	8726	8,9	8712	8,9	8753	6,0	8738	8,6	8664	9,9	8722	8,1	8712	9,1
22,0	22,9	8669	8,8	8674	8,9	8741	6,0	8712	8,6	8580	9,8	8690	8,0	8671	9,0
21,0	21,9	8597	8,6	8616	8,8	8719	5,9	8662	8,5	8450	9,6	8604	7,9	8594	8,9
20,0	20,9	8486	8,5	8518	8,6	8681	5,8	8594	8,4	8263	9,3	8486	7,7	8494	8,7
19,0 bis	19,9	8318	8,2	8374	8,4	8630	5,8	8486	8,3	8018	9,0	8309	7,4	8354	8,5
18,0	18,9	8105	7,9	8196	8,2	8546	5,6	8302	8,0	7709	8,5	8057	7,1	8174	8,3
17,0	17,9	7826	7,6	7951	7,9	8426	5,4	8071	7,7	7349	8,0	7771	6,6	7934	8,0
16,0	16,9	7500	7,1	7651	7,5	8268	5,2	7759	7,3	6938	7,5	7423	6,1	7610	7,6
15,0	15,9	7118	6,6	7274	7,0	8083	5,0	7368	6,8	6547	7,0	7054	5,6	7241	7,1
14,0 bis	14,9	6684	6,1	6814	6,4	7824	4,6	6895	6,3	6144	6,4	6694	5,1	6802	6,6
13,0	13,9	6233	5,4	6310	5,8	7524	4,2	6372	5,6	5746	5,8	6329	4,5	6324	6,0
12,0	12,9	5803	4,8	5858	5,2	7183	3,8	5904	5,0	5381	5,3	5940	3,9	5861	5,4
11,0	11,9	5431	4,3	5462	4,7	6768	3,2	5498	4,4	5026	4,8	5542	3,3	5446	4,8
10,0	10,9	5074	3,8	5083	4,2	6338	2,7	5150	3,9	4668	4,3	5218	2,8	5066	4,3

9,0 bis	9,9	4754	3,4	4728	3,7	5878	2,1	4831	3,5	4325	3,8	4894	2,3	4682	3,8
8,0	8,9	4375	2,8	4385	3,2	5474	1,5	4498	3,0	3955	3,3	4586	1,8	4325	3,4
7,0	7,9	4039	2,4	4003	2,7	5107	1,0	4142	2,6	3554	2,7	4277	1,3	3938	2,9
6,0	6,9	3619	1,8	3583	2,2	4776	0,6	3761	2,1	3170	2,1	3936	0,8	3509	2,3
5,0	5,9	3230	1,2	3118	1,5	4423	0,1	3324	1,5	2777	1,5	3598	0,2	3041	1,7
4,0 bis	4,9	2806	0,6	2652	0,8	4063	-0,4	2880	0,9	2378	0,8	3250	-0,3	2582	1,0
3,0	3,9	2378	-0,1	2227	0,1	3691	-0,9	2424	0,2	2006	0,1	2880	-0,9	2124	0,2
2,0	2,9	1994	-0,8	1812	-0,6	3269	-1,4	2018	-0,5	1618	-0,7	2513	-1,6	1745	-0,5
1,0	1,9	1603	-1,6	1435	-1,4	2839	-2,0	1574	-1,3	1303	-1,5	2143	-2,3	1385	-1,3
0,0	0,9	1222	-2,6	1102	-2,3	2366	-2,7	1207	-2,2	1003	-2,4	1757	-3,1	1039	-2,2
-0,0 bis	-0,9	926	-3,6	809	-3,4	1922	-3,5	886	-3,2	761	-3,3	1402	-4,0	766	-3,2
-1,0	-1,9	713	-4,6	614	-4,2	1502	-4,3	670	-4,0	564	-4,3	1126	-4,9	574	-4,0
-2,0	-2,9	545	-5,5	461	-5,2	1162	-5,1	482	-5,0	418	-5,2	886	-5,8	410	-5,1
-3,0	-3,9	425	-6,4	338	-6,1	857	-6,1	362	-5,8	314	-6,1	694	-6,7	305	-6,0
-4,0	-4,9	334	-7,2	245	-7,1	636	-7,0	259	-6,8	238	-7,0	540	-7,6	221	-6,9
-5,0 bis	-5,9	250	-8,0	178	-8,1	473	-7,8	190	-7,6	178	-7,8	415	-8,6	173	-7,6
-6,0	-6,9	182	-9,0	134	-9,0	346	-8,7	132	-8,5	130	-8,7	324	-9,5	118	-8,5
-7,0	-7,9	130	-10,0	98	-9,9	240	-9,7	91	-9,4	96	-9,5	250	-10,3	84	-9,3
-8,0	-8,9	98	-10,8	72	-10,8	175	-10,4	60	-10,4	62	-10,6	194	-11,2	50	-10,5
-9,0	-9,9	72	-11,7	53	-11,6	108	-11,7	46	-11,0	46	-11,3	151	-11,9	36	-11,4
-10,0 bis	-10,9	55	-12,3	38	-12,4	77	-12,6	34	-11,6	31	-12,2	110	-12,8	24	-12,3
-11,0	-11,9	43	-12,8	29	-13,1	58	-13,2	19	-12,4	17	-13,6	84	-13,5	17	-13,1
-12,0	-12,9	29	-13,5	19	-13,9	43	-13,8	10	-13,2	12	-14,5	55	-14,6	12	-13,7
-13,0	-13,9	17	-14,2	12	-14,7	26	-14,7	2	-15,5	1o	-15,0	38	-15,5	5	-15,5
-14,0	-14,9	9	-14,8	7	-15,5	14	-15,7	2	-15,5	7	-15,5	26	-16,4	5	-15,5
-15,0 bis	-15,9	2	-15,5	5	-16,0	7	-16,8	2	-15,5	5	-16,0	19	-17,1	2	-16,5
-16,0	-16,9	--	---	2	-16,5	2	-19,5	--	---	2	-16,5	14	-17,7	2	-16,5
-17,0	-17,9	--	---	--	---	2	-19,5	--	---	--	---	7	-18,8	--	---
-18,0	-18,9	--	---	--	---	2	-19,5	--	---	--	---	5	-19,5	--	---
-19,0	-19,9	--	---	--	---	2	-19,5	--	---	--	---	2	-20,5	--	---
-20,0	-20,9	--	---	--	---	--	---	--	---	--	---	2	-20,5	--	---

Tafel VIII

Wasserdampfsättigungsdruck p_s bei Temperaturen ϑ_L von 30,9 °C bis -20,9 °C

Temperatur °C	Wasserdampfsättigungsdruck Pa ,0	,1	,2	,3	,4	,5	,6	,7	,8	,9
30	4244	4269	4294	4319	4344	4369	4394	4419	4445	4469
29	4006	4030	4053	4077	4101	4124	4148	4172	4196	4219
28	3781	3803	3826	3848	3871	3894	3916	3939	3961	3984
27	3566	3588	3609	3631	3652	3674	3695	3717	3739	3759
26	3362	3382	3403	3423	3443	3463	3484	3504	3525	3544
25	3169	3188	3208	3227	3246	3266	3284	3304	3324	3343
24	2985	3003	3021	3040	3059	3077	3095	3114	3132	3151
23	2810	2827	2845	2863	2880	2897	2915	2932	2950	2968
22	2645	2661	2678	2695	2711	2727	2744	2761	2777	2794
21	2487	2504	2518	2535	2551	2566	2582	2598	2613	2629
20	2340	2354	2369	2384	2399	2413	2428	2443	2457	2473
19	2197	2212	2227	2241	2254	2268	2283	2297	2310	2324
18	2065	2079	2091	2105	2119	2132	2145	2158	2172	2185
17	1937	1950	1963	1976	1988	2001	2014	2027	2039	2052
16	1818	1830	1841	1854	1866	1878	1889	1901	1914	1926
15	1706	1717	1729	1739	1750	1762	1773	1784	1795	1806
14	1599	1610	1621	1631	1642	1653	1663	1674	1684	1695
13	1498	1508	1518	1528	1538	1548	1559	1569	1578	1588
12	1403	1413	1422	1431	1441	1451	1460	1470	1479	1488
11	1312	1321	1330	1340	1349	1358	1367	1375	1385	1394
10	1228	1237	1245	1254	1262	1270	1279	1287	1296	1304
9	1148	1156	1163	1171	1179	1187	1195	1203	1211	1218
8	1073	1081	1088	1096	1103	1110	1117	1125	1133	1140
7	1002	1008	1016	1023	1030	1038	1045	1052	1059	1066
6	935	942	949	955	961	968	975	982	988	995

5	872	878	884	890	896	902	907	913	919	925
4	813	819	825	831	837	843	849	854	861	866
3	759	765	770	776	781	787	793	798	803	808
2	705	710	716	721	727	732	737	743	748	753
1	657	662	667	672	677	682	687	691	696	700
0	611	616	621	626	630	635	640	645	648	653
-0	611	605	600	595	592	587	582	577	572	567
-1	562	557	552	547	543	538	534	531	527	522
-2	517	514	509	505	501	496	492	489	484	480
-3	476	472	468	464	461	456	452	448	444	440
-4	437	433	430	426	423	419	415	412	408	405
-5	401	398	395	391	388	385	382	379	375	372
-6	368	365	362	359	356	353	350	347	343	340
-7	337	336	333	330	327	324	321	318	315	312
-8	310	306	304	301	298	296	294	291	288	286
-9	284	281	279	276	274	272	269	267	264	262
-10	260	258	255	253	251	249	246	244	242	239
-11	237	235	233	231	229	228	226	224	221	219
-12	217	215	213	211	209	208	206	204	202	200
-13	198	197	195	193	191	190	188	186	184	182
-14	181	180	178	177	175	173	172	170	168	167
-15	165	164	162	161	159	158	157	155	153	152
-16	150	149	148	146	145	144	142	141	139	138
-17	137	136	135	133	132	131	129	128	127	126
-18	125	124	123	122	121	120	118	117	116	115
-19	114	113	112	111	110	109	107	106	105	104
-20	103	102	101	100	99	98	97	96	95	94

Tafel IX

Werte $N = R_D \cdot T / D$ für die Mitteltemperaturen ϑ_m von Stoffschichten von 30,0 °C bis -20,9 °C

Temperatur °C	,0	,1	,2	,3	,4	,5	,6	,7	,8	,9
	$N = R_D \cdot T / D$ $\frac{m\ h\ Pa}{kg}$ 10^3									
30	1442,924									
29	1446,793	1446,405	1446,017	1445,630	1445,243	1444,856	1444,469	1444,082	1443,696	1443,310
28	1450,685	1450,295	1449,905	1449,515	1449,125	1448,736	1448,347	1447,958	1447,569	1447,181
27	1454,601	1454,208	1453,816	1453,424	1453,032	1452,640	1452,248	1451,857	1451,466	1451,076
26	1458,540	1458,145	1457,750	1457,356	1456,961	1456,567	1456,174	1455,780	1455,387	1454,994
25	1462,503	1462,106	1461,709	1461,312	1460,915	1460,519	1460,122	1459,726	1459,331	1458,935
24	1466,491	1466,091	1465,691	1465,292	1464,893	1464,494	1464,095	1463,697	1463,299	1462,901
23	1470,502	1470,100	1469,698	1469,296	1468,895	1468,493	1468,092	1467,692	1467,291	1466,891
22	1474,539	1474,134	1473,729	1473,325	1472,921	1472,517	1472,114	1471,711	1471,308	1470,905
21	1478,600	1478,193	1477,786	1477,379	1476,972	1476,566	1476,160	1475,754	1475,349	1474,944
20	1482,686	1482,276	1481,867	1481,458	1481,049	1480,640	1480,231	1479,823	1479,415	1479,007
19	1486,798	1486,385	1485,973	1485,562	1485,150	1484,739	1484,328	1483,917	1483,506	1483,096
18	1490,935	1490,520	1490,105	1489,691	1489,277	1488,863	1488,450	1488,036	1487,623	1487,210
17	1495,098	1494,680	1494,263	1493,846	1493,430	1493,013	1492,597	1492,181	1491,765	1491,350
16	1499,287	1498,867	1498,447	1498,027	1497,608	1497,189	1496,770	1496,352	1495,934	1495,516
15	1503,502	1503,080	1502,657	1502,235	1501,813	1501,391	1500,970	1500,549	1500,128	1499,707
14	1507,744	1507,319	1506,894	1506,469	1506,044	1505,620	1505,196	1504,772	1504,349	1503,925
13	1512,013	1511,585	1511,157	1510,729	1510,302	1509,875	1509,448	1509,022	1508,596	1508,170
12	1516,309	1515,878	1515,447	1515,017	1514,587	1514,157	1513,728	1513,299	1512,870	1512,441
11	1520,632	1520,198	1519,765	1519,332	1518,899	1518,467	1518,035	1517,603	1517,171	1516,740
10	1524,983	1524,547	1524,111	1523,675	1523,239	1522,804	1522,369	1521,934	1521,500	1521,066
9	1529,362	1528,923	1528,484	1528,045	1527,607	1527,169	1526,731	1526,294	1525,856	1525,420
8	1533,769	1533,327	1532,885	1532,444	1532,003	1531,562	1531,121	1530,681	1530,241	1529,801
7	1538,204	1537,759	1537,315	1536,871	1536,427	1535,983	1535,539	1535,096	1534,654	1534,211
6	1542,668	1542,221	1541,773	1541,326	1540,879	1540,433	1539,986	1539,540	1539,095	1538,649

5	1547,162	1546,711	1546,261	1545,811	1545,361	1544,911	1544,462	1544,013	1543,565	1543,116
4	1551,684	1551,231	1550,777	1550,324	1549,872	1549,419	1548,967	1548,515	1548,064	1547,613
3	1556,237	1555,780	1555,324	1554,868	1554,412	1553,957	1553,502	1553,047	1552,592	1552,138
2	1560,819	1560,359	1559,900	1559,441	1558,982	1558,524	1558,066	1557,608	1557,151	1556,694
1	1565,431	1564,969	1564,506	1564,044	1563,583	1563,121	1562,660	1562,199	1561,739	1561,279
0	1570,074	1569,609	1569,143	1568,678	1568,214	1567,749	1567,285	1566,821	1566,358	1565,894
-0	1570,074	1570,540	1571,007	1571,473	1571,940	1572,408	1572,875	1573,343	1573,811	1574,280
-1	1574,748	1575,218	1575,687	1576,157	1576,627	1577,097	1577,568	1578,039	1578,510	1578,982
-2	1579,454	1579,926	1580,398	1580,871	1581,344	1581,818	1582,292	1582,766	1583,240	1583,715
-3	1584,190	1584,666	1585,141	1585,618	1586,094	1586,571	1587,048	1587,525	1588,003	1588,481
-4	1588,959	1589,437	1589,916	1590,396	1590,875	1591,355	1591,835	1592,316	1592,797	1593,278
-5	1593,760	1594,241	1594,724	1595,206	1595,689	1596,172	1596,656	1597,139	1597,624	1598,108
-6	1598,593	1599,078	1599,563	1600,049	1600,535	1601,022	1601,509	1601,996	1602,483	1602,971
-7	1603,459	1603,947	1604,436	1604,925	1605,415	1605,905	1606,395	1606,885	1607,376	1607,867
-8	1608,358	1608,850	1609,342	1609,835	1610,328	1610,821	1611,314	1611,808	1612,302	1612,797
-9	1613,291	1613,787	1614,282	1614,778	1615,274	1615,771	1616,267	1616,765	1617,262	1617,760
-10	1618,258	1618,757	1619,256	1619,755	1620,255	1620,755	1621,255	1621,756	1622,256	1622,758
-11	1623,259	1623,762	1624,264	1624,767	1625,270	1625,773	1626,277	1626,781	1627,285	1627,790
-12	1628,295	1628,801	1629,307	1629,813	1630,320	1630,826	1631,334	1631,841	1632,349	1632,858
-13	1633,366	1633,875	1634,385	1634,894	1635,405	1635,915	1636,426	1636,937	1637,448	1637,960
-14	1638,473	1638,985	1639,498	1640,011	1640,525	1641,039	1641,554	1642,068	1642,583	1643,099
-15	1643,615	1644,131	1644,648	1645,164	1645,682	1646,199	1646,717	1647,236	1647,755	1648,274
-16	1648,793	1649,313	1649,833	1650,354	1650,875	1651,396	1651,918	1652,440	1652,962	1653,485
-17	1654,008	1654,532	1655,055	1655,580	1656,104	1656,629	1657,155	1657,681	1658,207	1658,733
-18	1659,260	1659,787	1660,315	1660,843	1661,371	1661,900	1662,429	1662,959	1663,489	1664,019
-19	1664,549	1665,080	1665,612	1666,144	1666,676	1667,208	1667,741	1668,274	1668,808	1669,342
-20	1669,877	1670,411	1670,947	1671,482	1672,018	1672,554	1673,091	1673,628	1674,166	1674,704

Tafel X, Blatt 1 und 2

Auswirkungen des Feuchtegehaltes auf die Wärmeleitfähigkeit

Zuschlagswerte Z und z_f für die Bestimmung der Werte $\lambda_{10,tr.}$ und λ_f aus λ_R frei nach DIN 52 612 T2 (6.84) und DIN 4108 T4 (8.81)

Stoffe		Zuschlagswert Z	Praktischer Feuchtegehalt u_v %	u_m %	Zuschlagswert z_f
Ziegel		0,15	1,5	---	0,1
Beton mit geschlossenem oder haufwerksporigem Gefüge mit nichtporigen Zuschlägen nach DIN 4226 T1	Bei einem Rechenwert der Wärmeleitfähigkeit λ_R				
Kies	$\leq 0,19$ 1)	0,60	5	---	0,12
	0,31	0,35	5	---	0,07
	0,46	0,30	5	---	0,06
Kalksandsteine,	0,58	0,25	5	---	0,05
Hüttensteine	$\geq 0,70$	0,20	5	---	0,04
Beton mit geschlossenem Gefüge und mit porigen Zuschlägen nach DIN 4226 T2		0,45	5	---	0,09
Beton mit haufwerksporigem Gefüge mit den porigen Zuschlägen Naturbims, Hüttenbims und Blähton	Bei einem Rechenwert der Wärmeleitfähigkeit λ_R				
	$\leq 0,13$ 1)	0,25	4	---	0,06
	0,24	0,20	4	---	0,05
	$\geq 0,35$	0,15	4	---	0,04
Beton mit haufwerksporigem Gefüge und mit porigen Zuschlägen aus z.B.	Bei einem Rechenwert der Wärmeleitfähigkeit λ_R				
Schlacke	$\leq 0,19$ 1)	0,60	4	---	0,15
Ziegelsplitt	0,31	0,35	4	---	0,09

Blähschiefer expandiertem Gesteinsglas	0,46 0,58 ≥0,70	0,30 0,25 0,20	4 4 4	--- --- ---	0,075 0,06 0,05
Gasbeton, dampfgehärtet	Bei einem Rechenwert der Wärmeleitfähigkeit λ_R ≤0,13 [1] 0,18 ≥0,24	 0,35 0,30 0,25	 3,5 3,5 3,5	 --- --- ---	 0,1 0,09 0,07
Steinholz		0,60	keine Angaben		
Gips, Anhydrit		0,25	2	---	0,125
Asphalt und Bitumen		0,05	≈ 0	≈ 0	0
Anorganische Stoffe in loser Schüttung	Expandiertes Gesteinsglas (z.B. geblähtes Perlit) sonstige Stoffe	0,20 0,40	--- ---	5 5	0,04 0,08
Mineralische Faserdämmstoffe	aus Glas-, Gesteins-, Schlackenfasern aus sonstigen Fasern, auch zementgebunden	0,05 0,20	--- ---	5 5	0,01 0,04
Pflanzliche Faserdämmstoffe	aus Holzfasern, Torffasern, sonstigen Fasern aus Kokosfasern	0,20 0,10	--- ---	15 15	0,013 0,007
Synthetische Faserdämmstoffe		0,20	keine Angaben		
Schaumglas		0,05	≈ 0	≈ 0	0
Holz, Sperrholz, Holzspanplatten, Holzfaserplatten		0,15	---	15	0,01
Holzwolle-Leichtbauplatten, Schilfrohrplatten und -matten		0,20	---	15	0,013
Korkerzeugnisse		0,10	---	10	0,01

Tafel X, Blatt 3

Stoffe		Z	u_v %	u_m %	z_f
Schaumkunststoffe	aus Polystyrol-Hartschaum	0,05	---	5	0,01
	aus Polystyrol-Extruderschaum mit Schäumhaut Rohdichte nach DIN 1306 $\geq$ 30 kg/m³ Rechenwert der Wärmeleitfähigkeit				
	λ_R $\leq$0,033 [1])	0,15	---	5	0,03
	$\leq$0,034	0,10	---	5	0,02
	ohne Schäumhaut Rohdichte nach DIN 1306 $\geq$ 25 kg/m³ und $\leq$ 35 kg/m³	0,15	---	5	0,03
	Rohdichte nach DIN 1306 $\geq$ 45 kg/m³	0,20	---	5	0,04
	aus Polyurethan-Hartschaum ohne gasdiffusionsdichte Deckschichten Rohdichte nach DIN 1306 $\geq$ 30 kg/m³ Rechenwert der Wärmeleitfähigkeit				
	R <0,030	0,50	---	5	0,1
	>0,030	0,10	---	5	0,02
	mit gasdiffusionsdichten Deckschichten[2])	0,10	---	5	0,02
	sonstige Schaumkunststoffe [3])	0,20	keine Angaben		

[1]) Nach DIN 52 612 T2 sind bei der Ermittlung von λ_Z (s.S. 46) bei Zwischenwerten die Zuschlagswerte Z linear zu interpolieren.

[2]) Deckschichten gelten als gasdiffusionsdicht, wenn sie aus metallischen Werkstoffen mit einer Dicke von mindestens 50 µm bestehen. Bei Platten, deren Randflächen kleiner als 10 % der Gesamtfläche sind, braucht die Deckschicht die Randfläche nicht zu bedecken.

[3]) Für Schaumkunststoffe, deren Zellen ganz oder teilweise mit einem Gas gefüllt sind, dessen Wärmeleitfähigkeit kleiner ist als die Wärmeleitfähigkeit von Luft und die in dieser Tafel nicht aufgeführt sind, ist der Zuschlag nicht bekannt.

Tafel XI, Blatt 1

Klimatische Randbedingungen ϑ_{Li} und φ_i in Innenräumen in Abhängigkeit von der Nutzung

Auswahl nach [17]

Raumnutzung	Lufttemperatur ϑ_{Li} °C	Relative Luftfeuchte φ_i %	Bemerkungen
Arbeitsräume			
leichte Handarbeit	18...20	50...70	
schwere	15	50...60	
Archive	15	50...60	
Ausstellungsräume	10...20	50	
Bäckereien			
Teigherstellung	23...27	55...70	
Büchereien	15...18	40...60	
Filmtheater	18	60...70	
Fleischereien			
Schlachträume	25...30	80...90	
Wurstküchen	25...30	70...95	
Heißrauchanlagen	65...70	80...85	
Pökelräume	8...16	70	
Gaststätten	18	55	
Krankenhäuser			
Operationsräume	24...30	40...60	
Krankenräume	20...22	50...60	
Untersuchungsräume	24	30...45	
Kühl- und Gefrierräume je nach Kühlgut			
Backwaren	4...6	80...85	
Brot	10...12	80...85	
Fleisch			
Kühlraum	±0...2	80...85	
Gefrierraum	-10 und tiefer		bis -40°C
Früchte			
Apfelsinen	6...8	80...85	
Bananen	8...10	80	
Erdbeeren	-1...1	90	
Äpfel	-1...1	90	
Stein-Kernobst	±0...2	90	
Gemüse	±0...4	80...95	
Kartoffeln	4...6	85	
Käse	4...6	75	nach Käseart versch.
Quark	±0...2	75	

Tafel XI, Blatt 2

Raumnutzung	Lufttemperatur ϑ_{Li} °C	Relative Luftfeuchte φ_i %	Bemerkungen
Lagerräume			
Metallwaren	10...15	50	
Papier	15...20	40...65	
Schulen, Hochschulen			
Klassenräume, Hörsäle	20	40...60	
Sammlungsräume	15...18	40...50	
Schwimmbäder	22...28	75...80	
Sporthallen			
Mehrzweckhallen	15...18	50...75	
Nebenräume	20		
Wasch- u. Duschräume	20...25	80...90	
Stallungen			
Geflügel	6...8	75	
Pferde	5...8	75...85	
Rindvieh	8...12	75...85	
Schweine	10	75...80	
Schafe	6...8	85	
Mastvieh allgemein	5...8	75...80	
Theater	18	60...70	
Versammlungsräume	18	60...70	
Wäschereien	20...25	70...75	

Schicht	Baustoff	s	μ	s_d	$\sum s_d$	λ_R	$\frac{1}{\alpha};\frac{s}{\lambda_R}$	$\sum \frac{1}{\Lambda}$	$\Delta\vartheta$	ϑ_f	p_s	p	Bem.
		m	—	m	m	$\frac{W}{m \cdot K}$	$\frac{m^2K}{W}$	$\frac{m^2K}{W}$	K	°C	Pa	Pa	
1	2	3	4	5	6	7	8	9	10	11	12	13	14
	Luft innen												
	Wärmeübergang					$1/\alpha_i$ =							
	Wärmeübergang					$1/\alpha_a$ =							
	Luft außen												

Innenklima

ϑ_{Li} = °C; P_{si} = Pa

φ_i = % ; P_i = Pa

Außenklima

ϑ_{La} = °C; P_{sa} = Pa

φ_a = % ; P_a = Pa

Kenndaten

$1/\Lambda$ = m²K/W

$1/k$ = m²K/W

k = W/(m²K)

q = W/m²

Untersuchung des Feuchteschutzes
Zusammenstellung der Rechengrößen für das Diffusionsdiagramm

Objekt:

Bauteil:

Blatt: Dat.: Z.:

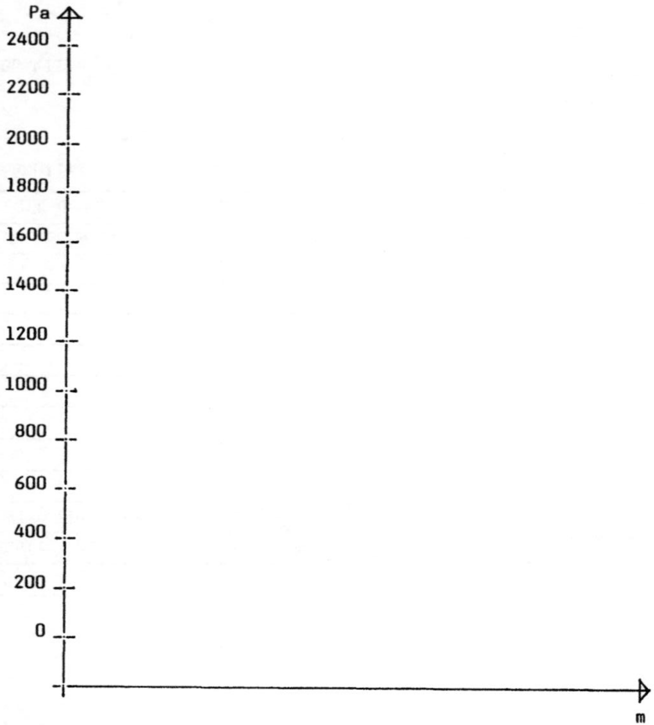

Untersuchung des Feuchteschutzes
Diffusionsdiagramm und Berechnung der diffundierenden Wassermengen

Objekt:

Bauteil:

Blatt: Dat.: Z.:

Grundgleichungen

$$p_{sax} = p_{sam} - \frac{p_{swm} - p_{wm}}{(R \cdot L) - S \frac{\varphi_a}{100}}$$

$$a_2/a_3 = 31{,}3 - 1{,}715\ \vartheta_{wm}$$

$$\Delta\vartheta_{La} = \vartheta_{Lam} - \vartheta_{Lax}$$

$$L = 1 + \left(\frac{[2(\vartheta_{Li} - \vartheta_{Lam}) + \Delta\vartheta_{La}]}{(a_2/a_3 + 2\vartheta_{Lam} - \Delta\vartheta_{La})} \cdot (1-R)\right)$$

Rechengrößen

$$R = \frac{1/\alpha_i + 1/\Lambda_i}{1/\Lambda} =$$

$$1 - R =$$

$$S = \frac{s_{di}}{\sum s_d} =$$

$$S \cdot \frac{\varphi_a}{100} =$$

ϑ_{wm} = °C; p_{swm} = Pa; p_{wm} = Pa;

a_2/a_3 = 31,3 - (1,715 ·) =

1. Schritt: Annahme $\Delta\vartheta_{La} = 0$

L =

R . L =

p_{sax} =

ϑ^*_{Lax} = °C

Untersuchung des Feuchteschutzes
Modifiziertes Rechenverfahren
Grundgleichungen und Rechengrößen
zur Bestimmung von ϑ^*_{Lax}

Objekt:

Bauteil:

Blatt: Dat.: Z.:

2. Schritt: $\Delta\vartheta_{La}$ = = K

L =

R . L =

p_{sax} =

ϑ_{Lax} = °C → ϑ_{Lak} = °C; t_T = h;

Klimadaten für die Berechnung der Tauwassermenge:

ϑ_{Li} = °C; φ_i = %; p_{si} = Pa; p_i = Pa;

ϑ_{Lak} = °C; φ_a = %; p_{sak} = Pa; p_{ak} = Pa;

$\vartheta_{wk} = \vartheta_{Li} - R\,(\vartheta_{Li} - \vartheta_{Lak})$ = = °C;

p_{swk} = Pa;

Berechnung der Tauwassermenge:

$1/\Delta_i = 1{,}5 \cdot 10^6 \cdot s_{di} = 1{,}5 \cdot 10^6 \cdot$ = $.10^6$ m².h.Pa/kg

$1/\Delta_a = 1{,}5 \cdot 10^6 \cdot s_{da} = 1{,}5 \cdot 10^6 \cdot$ = $.10^6$ m².h.Pa/kg

$$W_T = t_T \left(\frac{p_i - p_{swk}}{1/\Delta_i} - \frac{p_{swk} - p_{ak}}{1/\Delta_a} \right) \cdot 10^{-6} \quad [\text{kg/m}^2]$$

W_T = = kg/m²

Untersuchung des Feuchteschutzes Modifiziertes Rechenverfahren Ermittlung von ϑ_{Lax}, ϑ_{Lak} und t_{ak}	Objekt: Bauteil:
Berechnung der Tauwassermenge	Blatt: Dat.: Z.:

Tauwassermenge W_T = kg/m²

Verteilung:

Materialdaten der Stoffschicht:

s =

λ_R =

Z =

$u_{v\ DIN\ 4108}$ =

$u_{m\ DIN\ 4108}$ =

z_f =

ρ =

Volumen/Masse

W_T	=	m³	=	kg
$V_{Stoffschicht}$ =	m ·	· 1,0 m	=	m³
$M_{Stoffschicht}$ =	m · 1,0 m² ·		=	kg

$$\lambda_{10,tr.} = \frac{\lambda_R}{1 + Z} = \frac{\quad}{1 +} = \quad W/(m \cdot K)$$

$$u_{v\ bzw.\ m} = \frac{W_T}{V\ bzw.\ M} \cdot 100\ [\%];$$

$$\lambda_f = \lambda_{10,tr.}\ [1 + Z + (u_m \cdot z_f)] =$$

$$=$$

$1/\Lambda_{Ende\ Tauperiode}$

Schicht	Stoff	s	λ_R	s/λ_R

Untersuchung des Feuchteschutzes
Auswirkung der Tauwassermenge
auf den Wärmeschutz
Bestimmung von $1/\Lambda_{Ende\ Tauperiode}$

Objekt:

Bauteil:

Blatt: Dat.: Z:

Schicht	Baustoff	s	λ_R	$\frac{1}{\alpha};\frac{s}{\lambda_R}$	$\Delta\vartheta$	ϑ_f	p_s	ϑ_m	N	μ	$1/\Delta$	Bem.
		m	$\frac{W}{m \cdot K}$	$\frac{m^2 K}{W}$	$\frac{m^2 K}{W}$	K	Pa	°C	$\frac{m \cdot h \cdot Pa}{kg} \cdot 10^3$	-	$\frac{m^2 h \cdot Pa}{kg} \cdot 10^3$	
1	2	3	4	5	6	7	8	9	10	11	12	13
	Luft											
	Wärmeübergang		$1/\alpha$ =									
	Wärmeübergang		$1/\alpha$ =									
	Luft										$\sum 1/\Delta$ =	

Klimabereich 1	Kenndaten	Untersuchung des Feuchteschutzes Zusammenstellung der Rechengrößen für das Diffusionsdiagramm
ϑ_{L1} = °C; p_{s1} = Pa	$1/\Lambda$ = m²K/W	
φ_1 = % ; p_1 = Pa	$1/k$ = m²K/W	
Klimabereich 2	k = W/(m²K)	Objekt:
ϑ_{L2} = °C; p_{s2} = Pa	q = W/m²	Bauteil:
φ_2 = % ; p_2 = Pa		Blatt: Dat: Z.:

DIN-Normen, Blatt 1

DIN-Nr.	Ausgabe datum		Titel
1045	12.78	T1	Beton und Stahlbeton; Bemessung und Ausführung
1053	11.74	T1	Mauerwerk; Berechnung und Ausführung
4108	8.81	T1	Wärmeschutz im Hochbau; Größen und Einheiten
	8.81	T2	-.-; Wärmedämmung und Wärmespeicherung; Anforderungen und Hinweise für Planung und Ausführung
	8.81	T3	-.-; Klimabedingter Feuchteschutz; Anforderungen und Hinweise für Planung und Ausführung
	8.81	T4	-.-; Wärme- und feuchteschutztechnische Kennwerte
	8.81	T5	-.-; Berechnungsverfahren
4219	12.79	T1	Leichtbeton und Stahlleichtbeton mit geschlossenem Gefüge; Anforderungen an den Beton, Herstellung und Überwachung
	12.79	T2	-.-; Bemessung und Ausführung
4232	12.78		Wände aus Leichtbeton mit haufwerksporigem Gefüge; Bemessung und Ausführung
18515	7.70		Fassadenbekleidungen aus Naturwerkstein, Betonwerkstein und keramischen Baustoffen; Richtlinien für die Ausführung
18516	7.82	T1	Außenwandbekleidungen; Bekleidung, Unterkonstruktion und Befestigung; Allgemeine Anforderungen
18550	6.67		Putz; Baustoffe und Ausführung
52612	9.79	T1	Wärmeschutztechnische Prüfungen; Bestimmung der Wärmeleitfähigkeit mit dem Plattengerät; Durchführung und Auswertung
	6.84	T2	-.-;-.-; Weiterbehandlung der Meßwerte

DIN-Normen, Blatt 2

DIN-Nr.	Ausgabedatum		Titel
			für die Anwendung im Bauwesen
52615	6.73	T1	Wärmeschutztechnische Prüfungen; Bestimder Wasserdampfdurchlässigkeit von Bau- und Dämmstoffen
52617	E 12.79		Bestimmung der kapillaren Wasseraufnahme von Baustoffen und Beschichtungen; Versuchsdurchführung und Versuchsauswertung
68800	5.74	T2	Holzschutz im Hochbau; Vorbeugende bauliche Maßnahmen

Schrifttum

[1] Fick, A.: Über Diffusion. J.G. Poggendorff's Annalen der Physik und Chemie, Leipzig, Band 94, Jahrgang 1855, S. 59 bis 86.

[2] Stefan, J.: Über das Gleichgewicht und die Bewegung, insbesondere die Diffusion von Gasmengen. Sitzungsbericht der math.-naturwissenschaftlichen Klasse der Kaiserlichen Akademie der Wissenschaften, Wien, Band 63, Jahrgang 1871, 2. Abteilung, S. 63 bis 124.

[3] Schirmer, R.: Die Diffusionszahl von Wasserdampf-Luft-Gemischen und die Verdampfungsgeschwindigkeit. ZVDI, Beiheft Verfahrenstechnik 1938, Nr. 6, S. 170 bis 177.

[4] Egner, K.: Feuchtigkeitsdurchgang und Wasserdampfkondensation in Bauten. Fortschritte und Forschungen im Bauwesen, Reihe C, Heft 1, Stuttgart 1950.

[5] Cammerer, W.F. und Dürrhammer, W.: Die Berechnung der Dampfdiffusionsvorgänge im baulichen Wärme- und Kälteschutz und die dafür zweckmäßigsten Meß- und Rechnungsgrößen. Gesundheitsingenieur, 71. Jahrgang 1950, Heft 19/20, S. 310 bis 313.

[6] Illig, W.: Die Größe der Wasserdampfübergangszahl bei Diffusionsvorgängen in Wänden von Wohnungen, Stallungen und Kühlräumen. Gesundheitsingenieur, 73. Jahrgang 1952, S. 124 bis 127.

[7] Cammerer, J.S.: Bezeichnungen und Berechnungsverfahren für Diffusionsvorgänge im Bauwesen. Kältetechnik, 8. Jahrgang 1956, S. 339 bis 343.

[8] Glaser, H.: Temperatur- und Dampfdruckverlauf in einer homogenen Wand bei Feuchtigkeitsausscheidung. Kältetechnik, 10. Jahrgang 1958, S. 174 bis 179.

[9] Glaser, H.: Vereinfachte Berechnung der Dampfdiffusion durch geschichtete Wände bei Ausscheidung von Wasser

und Eis. Kältetechnik, 10. Jahrgang 1958, S. 358 bis 364 und 386 bis 390.

[10] Glaser, H.: Graphisches Verfahren zur Untersuchung von Diffusionsvorgängen. Kältetechnik, 11. Jahrgang 1959, S. 345 bis 349.

[11] Wagner, H.: Praktische Anwendung des graphischen Verfahrens von Glaser zur Bestimmung der Feuchtigkeitsausscheidung an mehrschichtigen Wänden infolge Wasserdampfdiffusion. Die Kälte, 13. Jahrgang 1960, S. 5 bis 10.

[12] Cammerer, J.S.: Der Wärme- und Kälteschutz in der Industrie. Springer-Verlag Berlin/Göttingen/Heidelberg, 4. Auflage 1962.

[13] Eichler, F.: Praktische Wärmelehre im Hochbau. VEB Verlag für Bauwesen Berlin, 4. Auflage 1964.

[14] Haferland, F.: Das diffusionstechnische Verhalten mehrschichtiger Außenwände. Bauverlag Wiesbaden/Berlin 1967.

[15] Seiffert, K.: Wasserdampfdiffusion im Bauwesen. Bauverlag Wiesbaden/Berlin 1967.

[16] Caemmerer, W.: Berechnung der Wasserdampfdurchlässigkeit und Bemessung des Feuchtigkeitsschutzes von Bauteilen. Berichte aus der Bauforschung, Heft 51, Verlag Wilhelm Ernst und Sohn, Berlin/München/Düsseldorf 1968.

[17] Eichler, F.: Bauphysikalische Entwurfslehre, Band 1, Berechnungsgrundlagen. VEB Verlag für Bauwesen Berlin, 2. Auflage 1969.

[18] Cammerer, W.F.: 10 Jahre Forschung im Wärmeschutz Erich Schmidt Verlag, Berlin/Bielefeld/München 1966.

[19] Cammerer, W.F.: Wärme- und Feuchtigkeitsschutz: 15 Jahre Forschung. Erich Schmidt Verlag Berlin/Bielefeld/München 1969.

[20] Fehér, J.: Jahresbilanz der Kondensationsfeuchtigkeit in mehrschichtigen unbelüfteten Außenwänden. Gesund-

heitsingenieur, 90. Jahrgang 1969, S. 123 bis 126.

[21] Jenisch, R.: Beitrag zum Problem der Wasserdampfdiffusion durch Außenwände von Gebäuden (Kondensations- und Austrocknungsverhältnisse abhängig vom Außenklima), Diss. Universität Stuttgart 1970.

[22] Jenisch, R.: Berechnung der Feuchtigkeitskondensation in Außenbauteilen und die Austrocknung abhängig vom Außenklima. Gesundheitsingenieur, 92. Jahrgang 1971, S. 257 bis 262 und S. 299 bis 307.

[23] Cammerer, J.S.: Tabellarium aller wichtigen Größen für den Wärme- und Kälteschutz. VKI-Rheinhold & Mahla AG, Mannheim, 11. Auflage 1973, Tabelle 139 (nach W. F. Cammerer).

[24] Cammerer, J.S.: Beiträge zum Problem der Wasserdampfdiffusion durch Bauteile. Berichte aus der Bauforschung, Heft 80, Verlag Wilhelm Ernst und Sohn, Berlin/München/Düsseldorf 1973, S. 21 bis S. 38.

[25] Klopfer, H.: Wassertransport durch Diffusion in Feststoffen. Bauverlag Wiesbaden/Berlin 1974.

[26] Jenisch, R. und Schüle, W.: Untersuchung verschiedener Verfahren zur Beurteilung des klimabedingten Feuchteschutzes. Berichte aus der Bauforschung, Heft 102, Verlag Wilhelm Ernst und Sohn, Berlin/München/Düsseldorf 1975.

[27] Schild, E., Casselmann, H., Dahmen, G. und Rogier, D.: Wärme- und Feuchtigkeitsschutz im Hochbau. Verlag für Wirtschaft und Verwaltung, Essen 1981.

[28] Caemmerer, W. und Neumann, R.: Wärmeschutz im Hochbau, Kommentar zu DIN 4108 Teil 1 bis Teil 5. Herausgeber: DIN Deutsches Institut für Normung e.V. 1. Auflage 1983 (Beuth-Kommentare).

[29] Wärmetechnisches Handbuch. Grünzweig+Hartmann und Glasfaser AG, G+H Montage GmbH, 23. Auflage Ludwigshafen 1982.

[30] Zentralverband des Deutschen Dachdeckerhandwerks e.V. und Hauptverband der Deutschen Bauindustrie e.V.: Richtlinien für die Planung und Ausführung von Dächern mit Abdichtungen - Flachdachrichtlinien - Ausgabe Januar 1982. Helmut Gros Fachverlag Berlin 1982.

[31] Meyer, H.G.: Fragen bei der Kerndämmung von zweischaligem Mauerwerk ohne Luftschicht. Bauphysik, 2. Jahrgang 1980, S. 15 bis S. 23.

[32] Künzel, H. und Mayer, E.: Untersuchung über die notwendige Hinterlüftung an Außenwandbekleidungen aus großformatigen Bauteilen. Forschungsbericht des Fraunhofer-Instituts für Bauphysik, Außenstelle Holzkirchen, 1983.

Sachweiser

Teubner Fachbücher für den Bauingenieur

Wendehorst/Muth
Bautechnische Zahlentafeln

Herausgegeben von Prof. Dr.-Ing. O. W. Wetzell,
Fachhochschule Münster

22., neubearbeitete und erweiterte Auflage.
ca. 700 Seiten mit ca. 1500 Bildern. Griffregister.
Geb. DM 52,--
ISBN 3-519-15000-X

Lufsky
Bauwerksabdichtung

Von Dipl.-Ing. K. Lufsky, Baumeister BDB, Berlin

4., neubearbeitete und erweiterte Auflage.
1983. XII, 300 Seiten mit 271 Bildern und 10 Tafeln.
16,2 x 22,9 cm. Geb. DM 64,--
ISBN 3-519-25226-0

Preisänderungen vorbehalten

Teubner Fachbücher für den Bauingenieur

Lohmeyer
Praktische Bauphysik

Eine Einführung mit Berechnungsbeispielen

Von Dipl.-Ing. G. Lohmeyer, Baumeister BDB, Hannover

XII, 467 Seiten mit 240 Bildern und 225 Tafeln.
16,2 x 22,9 cm. Kart. DM 56,--
ISBN 3-519-05013-7

Lutz/Jenisch/Klopfer/Freymuth/Krampf
Lehrbuch der Bauphysik

Schall - Wärme - Feuchte - Licht - Brand

Von Prof. Dipl.-Phys. P. Lutz, Stuttgart, Prof. Dr.-Ing. R. Jenisch, Stuttgart, Prof. Dr.-Ing. H. Klopfer, Dortmund, Dr.-Ing. H. Freymuth, Stuttgart und Dipl.-Ing. L. Krampf, Braunschweig

1985. ca. 600 Seiten. 16,2 x 22,9 cm. Geb. ca. DM 54,--
ISBN 3-519-05014-5

Lohmeyer
Baustatik

Von Dipl.-Ing. G. Lohmeyer, Baumeister BDB, Hannover

Teil 1: Grundlagen
5., überarbeitete und erweiterte Auflage. 247 Seiten
mit zahlreichen Bildern. 16,2 x 22,9 cm. Kart. DM 38,--
ISBN 3-519-45006-2

Teil 2: Festigkeitslehre
5., überarbeitete und erweiterte Auflage. 224 Seiten
mit zahlreichen Bildern. 16,2 x 22,9 cm. Kart. DM 36,--
ISBN 3-519-45007-0

Preisänderungen vorbehalten

GPSR Compliance

The European Union's (EU) General Product Safety Regulation (GPSR) is a set of rules that requires consumer products to be safe and our obligations to ensure this.

If you have any concerns about our products, you can contact us on ProductSafety@springernature.com

In case Publisher is established outside the EU, the EU authorized representative is:

Springer Nature Customer Service Center GmbH
Europaplatz 3
69115 Heidelberg, Germany

Batch number: 10577915

Printed by Printforce, the Netherlands